I.M.Pei

Architectural Exploration

黄健敏等 编著

贝聿铭

建筑探索

江苏凤凰科学技术出版社 · 南京

U0162302

图书在版编目（CIP）数据

贝聿铭建筑探索 / 黄健敏等编著 . —— 南京 ：江苏
凤凰科学技术出版社，2021.10
 ISBN 978-7-5713-2051-5

 Ⅰ . ①贝… Ⅱ . ①黄… Ⅲ . ①贝聿铭(1917—2019) -
建筑艺术 - 研究 Ⅳ . ① TU-867.12

 中国版本图书馆 CIP 数据核字 (2021) 第 140374 号

贝聿铭建筑探索

编　　　著	黄健敏等
项 目 策 划	凤凰空间/陈　景
责 任 编 辑	刘屹立　赵　研
特 约 编 辑	靳思楠

出 版 发 行	江苏凤凰科学技术出版社
出版社地址	南京市湖南路 1 号 A 楼，邮编：210009
出版社网址	http://www.pspress.cn
总 经 销	天津凤凰空间文化传媒有限公司
总经销网址	http://www.ifengspace.cn
印　　　刷	雅迪云印（天津）科技有限公司

开　　　本	710 mm×1 000 mm　1/16
印　　　张	12
字　　　数	192 000
版　　　次	2021 年 10 月第 1 版
印　　　次	2021 年 10 月第 1 次印刷

标 准 书 号	ISBN 978-7-5713-2051-5
定　　　价	68.00 元

目录

第一章

世纪大师

现代主义的贝聿铭

黄健敏

　　贝聿铭（1917—2019）被誉为世纪建筑大师。里佐利出版社（Rizzoli International Publications）于 2008 年出版了《贝聿铭全集》（*I. M. Pei Complete Works*）一书，该书囊括了贝聿铭一生的作品，其作者珍妮特·亚当斯·斯特朗（Janet Adams Strong）是贝聿铭建筑事务所的公关主任（Director of Communications）。书中第 355 ~ 365 页罗列了贝聿铭负责主持的项目，内容包括每个项目的位置、年代、面积、参与者名单等基本信息。这全得归功于贝聿铭建筑事务所自创设以来，针对每一个项目所编辑的作品宣传折页，与针对事务所全部项目所制作的作品集。这些长期积累的、有系统的数据，汇集成了探索大师的重要文献。

贝考弗及合伙人事务所[※]作品集的封面

获奖荣耀

　　贝聿铭建筑事务所的作品集以事务所的获奖纪录开宗。1968 年贝聿铭事务所获美国建筑师协会事务所奖（The American Institute of Architects Architectural Firm Award），肯定了事务所同仁们多年来辛勤工作、持续性地创作优秀作品的杰出成就。1981 年，布兰迪斯大学（Brandeis University）认为贝聿铭事务所在建筑艺术领域创作了众多优雅具美感的卓越作品，特颁予其伯斯创造艺术奖（Poses Creative Arts Awards）。伯斯创造艺术奖创办于 1956 年，获奖者以在世的美国

※ 贝考弗及合伙人事务所（Pei Cobb Freed & Partners），最初名为贝聿铭建筑事务所，1966 年更名为
　贝聿铭及合伙人事务所，1989 更名为现名。

人为主，初期以绘画、诗歌、音乐、戏剧等领域为主，自 1967 年增加了建筑领域的奖项，当年获奖的建筑师是凯文·罗奇（Kevin Roche，1922—2019）与现代建筑大师密斯·凡·德·罗（Mies Van der Rohe，1886—1969）。1972 年伯斯创造艺术奖建筑领域的获得者是路易斯·康（Louis I. Kahn，1901—1974），1976 年是菲利普·约翰逊（Philip Johnson，1906—2005）与罗伯特·文丘里（Robert Verturi，1925—2018）。1985 年美国伊利诺伊建筑师协会、1992 年纽约建筑师协会分别褒扬了贝聿铭事务所的贡献，这些奖显现出同侪们对贝聿铭事务所的推崇。1990 年美国建筑标准协会（Construction Specification Institute）特针对贝聿铭事务所的营建技术颁奖，肯定了事务所的成就。

上述这些奖项是颁发给事务所的，而颁发给贝聿铭事务所建筑作品的奖项更是多得不及备载。事务所多个作品荣获美国建筑师协会的二十五年奖（25 Year Award），如 2004 年获奖的美国国家美术馆东馆（Eastwing

2004 年美国建筑师协会二十五年奖：美国国家美术馆东馆

2017 年美国建筑师协会二十五年奖：巴黎卢浮宫扩建工程第一期

of National Gallery，1968—1978）、2011年获奖的波士顿汉考克大厦（John Hancock Tower，1968—1976）、2017 年获奖的巴黎卢浮宫扩建工程第一期（1983—1989）等。美国国家美术馆东馆的石材细部设计被誉为惊世之作，荣获了 1981 年建筑石材协会（Building Stone Institute）的年度荣誉奖。1986 年，美国建筑师协会针对美国建筑进行访问调查，美国国家美术馆东馆被建筑师评选为美国最佳 10 栋建筑之一，同年，美国建筑师协会颁予该建筑年度荣誉奖。波士顿汉考克大厦由贝聿铭的合伙人亨利·考伯（Henry N. Cobb，1926—2020）所设计，曾因幕墙玻璃坠落，造成工程延误和经费追加，使事务所一度陷入危机，并迫使贝聿铭前往新加坡开发业务。1983 年，波士顿汉考克大厦获得了美国建筑师协会年度荣誉奖、波士顿建筑师协会哈尔斯顿·帕克奖章（Harleston Parker Medal），一扫往日阴霾，如今它已是波士顿重要的地标建筑之一。哈尔斯顿·帕克奖章成立于 1921 年，贝聿铭设计的麻省理工学院地球科学中心与德雷福斯

2014年美国建筑师协会二十五年奖：波士顿汉考克大厦

麻省理工学院地球科学中心

麻省理工学院化工楼

麻省理工学院化学楼

麻省理工学院艺术与媒体科技馆

化学楼也曾获此奖章（分别于 1965 年、1980 年）。麻省理工学院是贝聿铭的母校，他在这里有 4 件作品：地球科学中心、化学楼、化工楼、艺术与媒体科技馆。卢浮宫扩建工程第一期所获得的荣耀更多，此作品获美国混凝土协会纽约州中部协会的大奖，具有极特别的意义，凸显贝聿铭对混凝土的运用有其独到之处。贝聿铭自认为卢浮宫扩建工程第一期的混凝土设计非常完美，是历年来所有项目的混凝土设计中最极致的表现。

机构建筑

　　贝聿铭事务所的作品集将事务所项目归纳为五大类：机构建筑（Institute Building）、企业建筑（Corporation Building）、投资建筑

（Investment Building）、住宅与小区发展（Housing and Community Development）和城市设计与规划（Urban Design and Planning）等。机构建筑中，排在首位的是1963年建成的东海大学路思义纪念教堂（Luce Memorial Chapel），关于该建筑设计者的争议至今仍未厘清[※]。贝聿铭最脍炙人口的博物馆作品均在机构建筑之列。《贝聿铭全集》一书几乎收录了所有项目，包括贝聿铭自贝考弗及合伙人事务所退休之后所完成的美术馆等作品，唯独没有收录位于加利福尼亚州马林郡（Marin County）的巴克老龄化研究所（Buck Institute for Age Research）。巴克老龄化研究所是一个学术研究机构，其设计颇有美国国家美术馆东馆的余绪，

忠实地实践了贝聿铭"让光线做设计"的著名理念。此作品规模颇大，受限于经费，迄今只完成了第一期的建设。

于1967年完工的位于博尔德的美国国家大气研究中心（National Center for Atmospheric Research，NCAR）是贝聿铭早期建筑生涯中极为重要的机构建筑作品。

东海大学路思义纪念教堂

加利福尼亚州马林郡巴克
老龄化研究所整体规划的
模型

加利福尼亚州马林郡巴
克老龄化研究所第一期
建筑

加利福尼亚州马林郡巴克
老龄化研究所门厅一隅

美国国家大气研究中心

企业建筑

　　贝聿铭所设计的企业建筑不多，以其退休前夕设计的香港中银大厦为巅峰之作。与香港中银大厦同在 1989 年完工的企业建筑，还有贝弗利山创新艺人经纪公司（Creative Artist Agency），此公司于 2007 年迁至世纪城（Century City），原公司总部由索尼音乐公司进驻。贝弗利山创新艺人经纪公司在迈克尔·坎内尔（Michael Cannell）所著的《贝聿铭——现代主义泰斗》（*I. M. Pei : Mandarin of Modernism*）一书中有所着墨。业主迈克尔·奥维茨（Michael Ovitz, 1946— ）花了两年时间寻觅心目中理想的建筑师，他认为贝聿铭继承了 20 世纪 30 年代德国包豪斯的传统，其古典的现代主义是永不被流行风潮淘汰的高雅建筑风格。通过好友纽约佩斯画廊（Pace Gallery）负责人阿尼·格里姆彻（Arne

Glimcher，1938—）的引介，迈克尔·奥维茨有心请贝聿铭在洛杉矶为他创作一件足以代表其企业的建筑。不过贝聿铭拒绝了这一委托，一则忙于卢浮宫扩建工程、香港中银大厦、莫顿·梅尔森交响乐中心等大项目，二则这个企业总部的规模不大，建筑面积才 6900 余平方米。迈克尔·奥维茨再三游说，还邀请旗下影星达斯汀·霍夫曼（Dustin Hoffman，1937—）、大导演

中国香港中银大厦

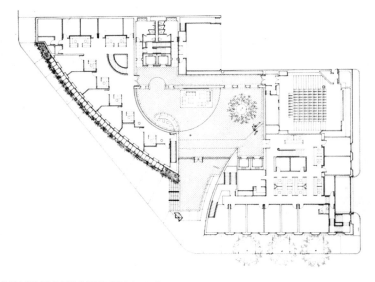

贝弗利山创新艺人经纪公司平面图（© PCF）

贝弗利山创新艺人经纪公司

西德尼·波拉克（Sydney Pollack，1934—2008）与贝聿铭共进晚餐，锲而不舍的热诚感动了贝聿铭。迈克尔·奥维茨花了两倍于市场的经费，以1500万美元拥有了好莱坞罕有的高品位建筑。有趣的是此建筑的入口大门经风水师指点，曾遭修改放大以利于"集气"。贝聿铭是不相信这些的人，但是迈克尔·奥维茨信风水，在破土典礼时他特地邀请了风水师举行降福仪式，而贝聿铭并没有出席当天的典礼[1]。

投资建筑

贝聿铭事务所的投资建筑，初始以老东家威奈公司（Webb & Knapp Inc.）的项目为主，如皆位于丹佛的里高中心（Mile High Center）、美迪夫百货商店（May D&F Department Store）与希尔顿酒店等。美迪夫百货商店已遭拆除，那是一栋薄壳建筑，与东海大学路思义纪念教堂有着相同的结构系统，但比路思义纪念教堂早5年完工。有人以东海大学路思义纪念教堂的薄壳结构是贝聿铭职业生涯中的孤例，而质疑东海大学路思义纪念教堂的设计并非出自贝聿铭，事实上早有美迪夫百货商店可供佐证、粉碎流言。里高中心的幕墙立面以黑白线条呈现韵律之美，这栋 23 层高的办公大楼是丹佛的第一个现代建筑。1980 年菲利普·约翰逊在原本露天的广场上加盖，使得建筑与都市空间串联的趣味尽丧。不过露天广场也不一定适合当地冬季酷寒的气候，毕竟人们不喜欢在低温的室外活动。贝聿铭所设计的最后一栋投资建筑是位于纽约的四季酒店（Four Seasons Hotel），业主是老东家威廉·齐肯多夫（William Zeckendorf，1905—1976）的儿子小威廉·齐肯多夫（William Zeckendorf Jr., 1929—2014）。四季酒店高 52 层，有约 400 个房间，每个房间的建造费用高达约 100 万美元。当时正值日本经济高峰，日本金融业大举投资美国房地产，因此兴建酒店的贷款来自 6 家日本银行。

科罗拉多州丹佛里高中心　　　　　　　　纽约四季酒店

科罗拉多州丹佛美迪夫百货商店

酒店的外墙是米色的法国马哥尼石灰石（Magny Limestone），这是贝聿铭偏爱的建材，自卢浮宫扩建项目之后，此石材屡屡出现。四季酒店是继1984年纽约美国电话电报公司大楼（AT&T Building）之后，少数整栋以石材作为外墙的高层建筑。在层层退缩的屋顶处有装饰性的灯笼，其几何造型与日后的卢森堡大公现代艺术博物馆、苏州博物馆一脉相承。除了丹佛希尔顿酒店和纽约四季酒店这两件酒店作品外，1986年的新加坡来福士广场（Raffles City）开发方案中，也包含了酒店建筑，此外还有1982年贝聿铭受邀回国设计的北京香山饭店。其职业生涯中的4件酒店作品在建材的运用上大不相同，早期以混凝土、金属幕墙为主，晚期以石材为主。纵然建材有所差异，建筑细部却都同样精彩，细部是贝聿铭作品的灵魂！

贝聿铭偏爱的法国米色马哥尼石灰石

新加坡来福士广场 北京香山饭店

住宅设计与小区规划

　　住宅设计与小区规划是贝聿铭早期的主要业务，从 1961 年完工的芝加哥海德公园大学花园公寓（University Garden Apartment），到 1965 年完工的洛杉矶世纪城公寓，共计有 6 个项目，业主全是威奈公司。1966 年完工的纽约大学广场（University Plaza）的业主是纽约州政府与华盛顿广场东南公寓公司（Washington Square Southeast Apartments, Inc.），因为该项目的基地上有两栋楼是供纽约大学师生居住的宿舍楼，还有一栋楼是出租给低收入户的合作住宅。考虑到住户性质的差异，在布局上，贝聿铭将大学宿舍面向街边的广场，广场上设置了毕加索的作品，

芝加哥海德公园大学花园公寓

合作住宅的入口则独立朝向西百老汇大街。所有建筑都是以混凝土浇筑而成，符合低造价的需求。造价虽低，质量却没打折扣，这件作品荣获了 1967 年美国建筑师协会年度荣誉奖与 1966 年混凝土协会工业奖。

洛杉矶世纪城公寓

贝聿铭早期的住宅项目（1953—1965）

项目	坐落城市	建造时间	规模
华盛顿西南区城市重建项目 Southwest Washington Urban Development	华盛顿 Washington D. C.	1953—1962	211 公顷
市中心广场 Town Center Plaza	华盛顿 Washington D. C.	1953—1962	50 957 平方米
大学花园公寓 University Garden Apartment	芝加哥，海德公园 Hyde Park，Chicago	1956—1961	50 971 平方米，540 个单元，10 层
基普斯湾广场 Kips Bay Plaza	纽约 New York	1957—1962	112 997 平方米，1 118 个单元，21 层
社会山项目 Society Hill	宾夕法尼亚州，费城 Philadelphia, PA	1957—1964	97 014 平方米，624 个单元，31 层
纽约大学广场 University Plaza	纽约 New York	1960—1966	69 399 平方米，534 个单元，30 层
世纪城公寓 Century City Apartment	加利福尼亚州，洛杉矶 Los Angeles, CA	1961—1965	78 261 平方米，331 个单元，28 层
布什内尔广场 Bushnell Plaza	康涅狄格州，哈特福德 Hartford, CT	1961	27 072 平方米，171 个单元，27 层

作品宣传折页

《贝聿铭全集》专注于介绍贝聿铭的建筑项目，却没有介绍他的城市规划项目。于 1990 年出版的《贝聿铭——美式建筑的一个侧面》（*I. M. Pei : A Profile in American Architecture*）书末附有事务所曾执行的城市规划项目，在 41 个项目中，贝聿铭负责了华盛顿西南区城市重建、费城华盛顿东广场规划、俄克拉荷马市中央商业区规划、新加坡河总体规

划等14个项目，面积大至 202.3 公顷，小至 1.2 公顷，可惜都没有图片
与文字对其进行进一步的说明，这些项目多半没有实现，沦为纸上作业。
相较之下，事务所的图案设计部门（Graphic Department）为每一个建
筑项目编辑了4～8页的作品宣传折页，宣传折页内容丰富，有作品简
介、设计理念、建筑图、实景照片等，宣传折页的封底是详细的相关数据、
参与人员名单等，此外还有数量不等的彩色照片页。有的作品在杂志上
刊登时，会有单行本。杂志单行本随同作品宣传折页、彩色照片、作品集等，
汇整成事务所的公关利器，这都是事务所广招业务的媒介材料。

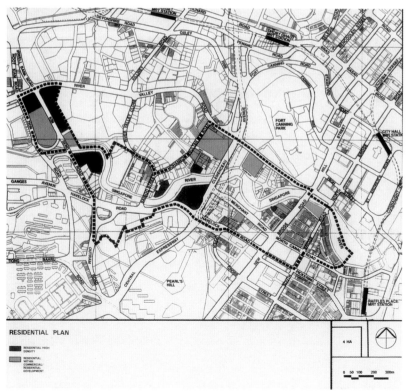

新加坡河总体规划方案

贝考弗及合伙人事务所作品宣传折页　　贝考弗及合伙人事务所作品宣传折页的内页

内部刊物 IMPrint 的内页　　　　　　　　　作品在杂志上刊登时的单行本

内部刊物 IMPrint　　　　　　　　　贝考弗及合伙人事务所的作品彩色照片

　　贝聿铭于 1990 年退休，当时的事务所规模已达 140 人，20 世纪 80 年代中期，为促进同事间的交流与沟通，事务所创办了一份内部刊物，名为 IMPrint，开本与作品宣传折页相同，每期页数不等，内容以报道事务所的项目为主。如 1985 年 6 月 2 期的内刊封面是设计中的香港中银大厦，内页包括事务所设计的丹佛里高中心（1952—1956）、达拉斯 SPG 国际中心（1984）等 46 个办公大楼，封底是事务所的人事消息。寥寥数页，却将事务所的项目完整呈现，可以让同事了解事务所的过去、现在与未来，这不失为一个良好的交流与沟通的平台。

贝聿铭建筑生涯的最后一件作品——美秀教堂

大师陨落

贝聿铭于 2019 年 5 月 16 日辞世。回顾其一生的丰功伟绩，从 1935 年 8 月 28 日第一次踏上美国国土的 18 岁少年，到举世闻名的建筑巨星，有太多值得研究探索的课题。《纽约时报》建筑专栏作者保罗·戈德伯格（Paul Goldberger）在长篇讣闻中写道："贝聿铭始终是忠诚的现代主义者，他设计的建筑虽然算不上旧式或传统，但他特有的现代主义——干净、矜持、棱角分明、大量使用几何图形、怀着成为纪念建筑的抱负，有时似乎显得像是一种复古，至少与最新的建筑趋势相比时是这样。"[2]

贝聿铭的作品以利落简洁的几何造型见长，在前卫和保守之间谨慎地维持着均衡，与时代的发展趋势相较似有些不符合潮流，他的逝世在一定程度上代表着现代主义的终结。

原刊于 2019 年 6 月号《放筑塾代志》第 48 期

注释

［1］ Michael Cannell, *I. M. Pei : Mandarin of Modernism* (Carol Southern Books, New York, 1995）, pp.361-365.

［2］ Paul Goldberger, "I. M. Pei, Master Architect Whose Buildings Dazzled the World, Dies at 102", *New York Times*, May 16, 2019.

第二章

建筑志业

贝聿铭的职业历程
与人格特质

黄承令

贝聿铭 1917 年出生，1935 年离开中国到美国求学。他是苏州世家子弟，父亲贝祖贻为苏州士绅，受过西方教育，曾任中国银行总裁。贝祖贻曾与孔祥熙一起推动中国的法币政策，是中国银行创办以来重要的总裁之一。贝聿铭在广州出生，离开中国之前曾经在广州、香港、上海居住过，在上海居住的时间最长。这些城市都是 20 世纪初中国最繁华的城市，受西方影响较多，也较国际化，贝聿铭的成长深受这些国际化都市的影响。

东海大学路思义纪念教堂

　　贝聿铭一生参与过 100 多个建筑设计和规划项目，其中有较平实的设计项目，也有许多经典作品，贝聿铭从未明讲哪些是他心目中一直珍惜的建筑作品，但从事务所的个人办公室大致可知悉一些信息。贝聿铭退休之前，在个人办公室前的会客室中一直挂着 4 张照片，由左至右分别为东海大学路思义纪念教堂（Luce Memorial Chapel，1956—1963）、美国国家美术馆东馆（Eastwing of National Gallery，1968—1978）、肯尼迪图书馆（The John F. Kennedy Library，1964—1979）、卢浮宫玻璃金字塔（Le Grand Louvre，1983—1989）。对贝聿铭而言，这

美国国家美术馆东馆

肯尼迪图书馆

4 张照片代表其职业生涯中 4 个重要的里程碑，分别代表着贝聿铭从纽约
开始工作，受到地方上的注意，到成为世界瞩目的建筑师的历程。如果
从贝聿铭离开中国到美国求学开始，至其成为世界知名建筑师为止，他
的建筑生涯大致可分成 3 个阶段、4 个里程碑。

卢浮宫玻璃金字塔

求学与发现自我的年代（1935—1948）

贝聿铭到美国求学的第一所学校是费城宾夕法尼亚大学（University of Pennsylvania，以下简称"宾大"），当时宾大建筑系建筑教育所秉持的是巴黎美术学院（École des Beaux-Arts）的传统美学体系，贝聿铭对描绘、模仿的制图技巧，以及僵化的建筑规律深感无趣。由于宾大当时学风较保守，而贝聿铭在波士顿朋友较多，因此他很快放弃宾大的学业，前往波士顿，在麻省理工学院建筑系修习课程。当时麻省理工学院的建筑教育也是巴黎美术学院的学院派教育体系，因而贝聿铭又改念土木工程，后来在师长的鼓励下，才回到建筑系。1940 年，贝聿铭自麻省理工学院建筑系毕业。

1933 年，德国纳粹关闭了被誉为现代设计摇篮的包豪斯设计学

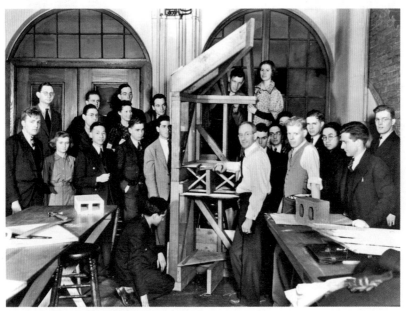

在麻省理工学院建筑系学习时的同窗合影（© MIT）

院。1937 年，包豪斯的创办人瓦尔特·格罗皮乌斯（Walter Gropius，1883—1969）带着一群师生来到美国波士顿哈佛大学，开启了欧洲现代建筑在美国的先声。贝聿铭的妻子卢淑华（Eileen Loo，1920—2014）与贝聿铭结婚前在韦尔斯利学院（Wellesley College）就读，毕业后进入哈佛大学景观建筑研究所。在淑华的劝说下，贝聿铭于 1942 年冬季进入哈佛大学建筑研究所，开始接受欧洲现代建筑教育的洗礼。哈佛大学建筑研究所的设计课程由瓦尔特·格罗皮乌斯和马歇·布劳耶（Marcel Breuer，1902—1981）主导，贝聿铭与这两位来自包豪斯的名师都有密切的来往。贝聿铭在传记作家坎内尔的访谈中说："由于学校教授没有太多的业务，他们更能全心投入建筑教育。我们学生与瓦尔特·格罗皮乌斯、马歇·布劳耶，以及其他教授的关系是亲密的，我们与这些教授更像是朋友，而非仅是学生与教师的关系。"[1] 1946 年，贝聿铭自哈佛大学建筑研究所毕业后，在瓦尔特·格罗皮乌斯主持的建筑师合作社（The Architects Collaborative，TAC）工作了一段时间。在格罗皮乌斯的支持下，他在哈佛大学建筑研究所指导设计课程，成为当时最年轻的助理教授。这些学习经历使贝聿铭成为欧洲现代主义移植美国的第一代传承者之一。

贝聿铭的求学过程并非一路顺遂，期间也经历过一些摸索和挣扎、思考和沉淀。从宾夕法尼亚大学、麻省理工学院，到哈佛大学建筑研究所，贝聿铭才逐渐确定了自己追求的目标，发展出自己的志业。1935 年至 1948 年，是贝聿铭求学与发现自我的年代。

专业成长与历练（1948—1960）

在瓦尔特·格罗皮乌斯主持的建筑师合作社工作期间，贝聿铭逐渐

　　了解了现代建筑的设计理念和设计方法，现代建筑简洁的空间和造型逐渐渗入其设计思维中。贝聿铭一直对土地开发和房地产运作很感兴趣，1948年，当纽约知名地产商威廉·齐肯多夫邀请他加入公司的设计部门时，贝聿铭欣然答应。

　　齐肯多夫开始是在威奈公司从事房屋中介工作，他口才极佳、工作认真、思维敏捷，观念上具有前瞻性，不到几年即成为该公司的总裁，拥有公司大部分的股权。在《新闻周刊》（*Newsweek*）的访谈中，齐肯多夫表示："在我的行业里，如果我被认为是一个特立独行者，或是一个激进者，那是因为其他人只为金钱工作，而我还会加入想象力。"[2] 后来，

丹佛的里高中心

费城社会山项目

齐肯多夫不再做房屋中介的工作，转而从事土地开发，并且越做越大。20世纪40年代后期，他已在美国拥有了一定的知名度，成为美国最大的地产商之一。在名利双收后，齐肯多夫开始认真思考，若欲成为房地产界的领头者，他的开发方案必须是新颖且具创意的，因此，他开始积极成立建筑设计部门。他希望他的设计部门能由一群观念新颖、具有前瞻性和突破性、秉承现代主义风格的创意者们所组成。在人才的推荐名单中，齐肯多夫发现了贝聿铭的名字，从而开启了两人长达十余年的合作。贝聿铭也因此进入了他职业生涯的第二个阶段。

在威奈公司工作的十余年间，贝聿铭受到齐肯多夫的高度支持和肯定，齐肯多夫给了他很多发挥设计能力的空间。由于贝聿铭的每一个设计项目都超出原有预算，造成工期延后，如果不是公司上层支持，他的许多设计构想都可能不会实现。尽管如此，在合作后期，贝聿铭仍然逐渐感受到了牵制。建设公司以赚钱为目的，而非满足个人的建筑理想，因此需要相互妥协，才能获得双方都可接受的方案。对贝聿铭而言妥协代表着设计理念和作品质量的让步，对建设公司而言，贝聿铭的设计造价总是偏高，造成利润减少。在建设公司工作十余年后，贝聿铭开始有了脱离建设公司，独立开创事业的念头。

在齐肯多夫的建设公司，贝聿铭主持了20多个设计开发项目，包括各式办公大楼、高层公寓、酒店旅馆、百货公司、购物中心，以及大规模的城市改造及规划等，在这些项目中累积的经验使他成为一位成熟的建筑师，同时具有了一定的知名度。虽然在专业上，贝聿铭赢得了一些声誉，但在归属上，他仍属于齐肯多夫的御用建筑师。贝聿铭意识到若想在建筑专业上拥有更高的成就，获得更广泛的知名度，他必须摆脱商业建筑师的形象，才有可能承接到较为重要的委托项目，诸如美术馆、博物馆、音乐厅等。他清楚地知道，他已来到一个创立自己品牌和名声的转折点，职业生涯的第三个阶段隐然成形。

创业、名声、品牌（1960—2019）

　　在贝聿铭自己的公司正式开业时，他并未离开齐肯多夫的建设公司，有一段时间两者的工作相互重叠。贝聿铭承租建设公司设计部门的原有空间作为自己事务所的办公室，还雇用了许多原设计部门的同事。这些工作伙伴有许多人待在贝聿铭事务所一辈子，有些人甚至成为他的合伙人，如亨利·考伯（Henry N. Cobb，1926—2020）。贝聿铭一方面积极对外争取设计业务，另一方面仍接受齐肯多夫土地开发的委托项目，使事务所的创业初期可以有较稳定的业务来源。

　　1960 年初，齐肯多夫的建设公司开始出现财务问题，贝聿铭事务所仰赖齐肯多夫的业务越来越少，逐渐成为能够独立运作的事务所。齐肯多夫破产后，贝聿铭不再有来自齐肯多夫的委托项目，也逐渐不再接

美国国家大气研究中心（© UCAR）

受其他建设公司的委托。1961 年，贝聿铭接获美国国家大气研究中心的
项目委托。当时兴建委员会提出的建筑师名单中有包括爱德华·巴恩斯
（Edward Larrabee Barnes，1915—2004）在内的多位知名人士。贝聿
铭的脱颖而出，说明 1961 年时，他在美国已有一定的知名度，且能与当
时知名的美国建筑师并驾齐驱。

　　1962 年贝聿铭接受委托的项目开始多元化，显示他在建筑设计行业
的名声越来越大。贝聿铭首先接到路思义（Luce）家族的委托，在中国
台湾东海大学设计路思义纪念教堂，接下来是美国联邦航空管理局委托
他设计空中交通管制塔（Federal Aviation Administration Air Traffic
Control Towers），还有美国国家航空公司航站楼（National Airlines
Terminal）、波士顿市中心整体规划等项目。这些委托项目来自不同的
公私部门，说明贝聿铭已脱离齐肯多夫地产商御用建筑师的形象。这些
项目的设计都有一定的质量和水平，完成后也都获得了业主和专业人士
的肯定，贝聿铭逐渐树立了自己的品牌和名声。

波士顿市中心整体规划

纽约基普斯湾广场

空中交通管制塔

美国国家航空公司航站楼

职业生涯的里程碑

贝聿铭一生中主持过 100 多个设计项目，但在他的办公室中却只有其中 4 个设计项目的照片，由此可见这 4 个设计项目的重要性。在他心目中，这 4 个设计项目分别代表着他职业生涯中的 4 个重要里程碑。

1. 东海大学路思义纪念教堂（1954—1963）

第一个里程碑是东海大学路思义纪念教堂。路思义纪念教堂是路思义家族为纪念《时代周刊》（*Time*）创办人亨利·路思义（Henry R. Luce，1898—1967）而建。在历史上，路思义家族与中国一直有着深厚的渊源，其家族成员长期在中国传教，对中国有很深的感情。路思义家族在当时美国的媒体界很有影响力，该家族委托贝聿铭设计路思义纪念教堂，使贝聿铭与美国主流媒体界建立了联系，这也是贝聿铭与美国上

东海大学路思义纪念教堂

流社会互动的成果。从建筑设计的观点来看，贝聿铭设计的路思义纪念教堂采用了双曲抛物线的形体，而非包豪斯的方盒子，天光（sky light）在此时开始运用，说明贝聿铭的设计语汇已有重大突破。东海大学路思义纪念教堂是贝聿铭职业生涯的第一个里程碑。即使办公室那张照片已泛黄褪色，贝聿铭也始终将其挂在墙上，显示出此作品对他的重要性。

东海大学路思义纪念教堂内部混凝土结构

2. 肯尼迪图书馆（1969—1979）

1963 年美国总统约翰·肯尼迪（John F. Kennedy，1917—1963）遇刺身亡不久，肯尼迪家族即开始筹划肯尼迪图书馆。图书馆筹建委员会一方面四处募款，寻找适合基地，另一方面征询最适合的建筑师。筹建委员会根据各方推荐的建筑师名单，参阅他们的作品和经历，最后筛选出 7 位建筑师，这 7 位建筑师分别为：密斯·凡·德·罗（Mies van der Rohe，1886—1969）、约翰·瓦内克（John Carl Warnecke，1919—2010）、戈登·邦夏（Gordon Bunshaft，1909—1990）、保罗·鲁道夫（Paul Rudolph，1918—1997）、路易斯·康（Louis I. Kahn，1901—1974）、菲利普·约翰逊（Philip Johnson，1905—2006）以及贝聿铭。杰奎琳·肯尼迪夫人率领着图书馆筹建委员会，亲自拜访了这 7 位建筑师，并参观了他们建筑事务所运作的情形。在这 7 位建筑师中，密斯的国际声望和学术地位最高，但他当时已 78 岁，且身体欠佳，最先被排除。路易斯·康在学术界和专业界都受人尊敬，但他不善辞令，木讷寡言的态度无法给筹建委员会留下深刻印象，因而被排除。约翰·瓦内克、戈登·邦夏、菲利普·约翰逊三人的建筑业务都很好，事务所也都颇具规模，社会地位很高，但三者都过于自负，急于表达他们自己所认为的肯尼迪图书馆应有的形式和风格，使筹建委员会略感不安。贝聿铭的态度则完全相反，他谦卑、诚恳、自信，带着优雅的姿态，诚实地回答杰奎琳，说自己还没看到基地，无法确定会如何着手图书馆的设计。在简报中，贝聿铭说明了他每一个建筑作品与基地的关系，并说明了他是如何选择最适宜的造型和材料，以符合建筑的目的和功能，使建筑与基地融为一体。对贝聿铭事务所的拜访令杰奎琳印象深刻，贝聿铭的谈吐与人格特质也颇获杰奎琳的好感，加上贝聿铭时年 47 岁，比其他建筑师年轻，与肯尼迪同岁，均为哈佛大学毕业，这些因素最终使贝聿铭成了肯尼迪图书馆的建筑师。

肯尼迪图书馆（© Wikipedia）

1964 年 12 月 14 日，肯尼迪家族在纽约皮埃尔大饭店（Hotel Pierre）召开记者会，公开宣布任命贝聿铭为肯尼迪图书馆的建筑师，此消息成为全美国新闻媒体的头条新闻，贝聿铭也随之成为全美的知名人物。肯尼迪图书馆是贝聿铭职业生涯的第二个里程碑。

3. 美国国家美术馆东馆（1974—1978）

因受到肯尼迪家族的青睐，贝聿铭名气大增，但图书馆的进展却并不顺利，最初设定在哈佛大学哈佛广场的基地几经波折，因哈佛大学校长和董事会不支持而作罢。1968 年，肯尼迪家族负责此计划项目的罗伯特·肯尼迪（Robert Kennedy，1925—1968）被枪杀，导致计划又出现变化。1979 年 10 月 20 日，肯尼迪图书馆正式开幕，此时距离约翰·肯尼迪总统被刺身亡已过了 16 年。一般评论家都认为贝聿铭具有超乎常人的毅力和耐力，才有可能完成此项目。

美国国家美术馆东馆

在肯尼迪图书馆寻找基地的时候，另一个重要的委托项目适时出现。1967 年，美国国家美术馆馆长卡特·布朗（J. Carter Brown，1934—2002）决定正式筹建计划已久的美国国家美术馆东馆扩建工程。4 位建筑师从各方推荐的名单中脱颖而出，被提送到董事会，这 4 位建筑师分别为：路易斯·康、菲利普·约翰逊、凯文·罗奇以及贝聿铭。馆长卡特·布朗与贝聿铭已是旧识，两人互相欣赏，相处甚佳，馆长卡特·布朗虽然属意贝聿铭，但仍需由董事会做决定，最重要的是工程经费赞助者保罗·梅隆（Paul Mellon，1907—1999）的态度。原有国家美术馆是由保罗·梅隆的父亲出资捐赠，多年后，扩建部分的全部费用则由保罗·梅隆来负担。

保罗·梅隆在当时富可敌国，且为人慷慨，一生中捐赠了许多建筑。保罗·梅隆在艺术和建筑领域修养极佳，他捐赠给学校的建筑都委托当时的知名建筑师进行设计，譬如捐赠给耶鲁大学的英国艺术中心，就是委托路易斯·康进行的设计。卡特·布朗将贝聿铭介绍给保罗·梅隆，保罗·梅隆对贝聿铭的优雅风范印象深刻，两人相谈甚欢，保罗·梅隆决定委托贝聿铭设计美国国家美术馆东馆，其他董事会的成员也都支持他的决定。1968 年，美国国家美术馆正式对外公布，委托贝聿铭作为东馆扩建项目的建筑师。贝聿铭再度成为美国媒体的焦点，该项目也成为其职业生涯的第三个里程碑。

4. 卢浮宫扩建工程第一期（1983—1989）

1981 年密特朗（Francois Mitterrand，1916—1996）当选法国总统，即开始筹划多个重大建设计划，其中就有巴黎卢浮宫的扩建计划。1981 年 12 月，密特朗组建了卢浮宫扩建委员会，开始寻求合适的建筑师，并讨论卢浮宫扩建的内容和计划。同一时间，贝聿铭获得了法国建筑学会的金质奖章，在巴黎领奖。法国建筑学会安排贝聿铭与密特朗会面，在会谈中密特朗提及曾经参访美国国家美术馆东馆的美好经历，希望贝聿铭能参与即将在巴黎举办国际竞赛的几个重大工程，而贝聿铭礼貌地回答，他已不再做竞赛项目。在这次会谈中，没有提及卢浮宫的扩建项目，也没有讨论委托设计的相关事宜，但贝聿铭优雅的谈吐，给密特朗留下了极佳的印象。

　　筹建委员会主席埃米尔·比亚西尼（Emile Biasini，1922—2011）接受任命后，花了一段时间寻找适合的建筑师，最后出线的几位建筑师均设计过美术馆和博物馆，且都具有国际知名度。比亚西尼为了使建筑师名单更有说服力，拜访了许多艺术界、建筑界、博物馆界的人士，征询他们对建筑师的意见，他发现所有人的推荐名单中都有贝聿铭的名字[3]，比亚西尼决定参访贝聿铭的建筑作品。在参访过美国国家美术馆东馆之后，他决定邀请贝聿铭参与卢浮宫扩建工程的国际竞赛，但贝聿铭礼貌地拒绝了。比亚西尼与贝聿铭进行了数次会谈，听取了贝聿铭的初步构想，他开始考虑不举办国际竞赛，直接将设计委托给贝聿铭，但这不仅需要密特朗总统的首肯，还需承担很大的政治风险。随后，密特朗总统听取

卢浮宫扩建工程完工后的拿破仑广场

了贝聿铭的简报，在简报中，贝聿铭分析了卢浮宫的现状和问题，提出了他的扩建构想。最终，密特朗总统决定直接委托贝聿铭设计卢浮宫扩建工程，不再举办竞赛。1983年法国总统府将此消息公之于众，引起法国各界哗然，扩建过程也遭受到了各种阻力，在密特朗总统的全力支持下，卢浮宫扩建工程第一期于1989年完工，获得各界的好评。贝聿铭达到事业的高峰，这是他职业生涯的第四个里程碑。

设计理念与人格特质

贝聿铭的设计理念与人格特质相辅相成，一体两面。在某种程度上，可以说是因为他的人格特质造就了他的设计理念，也可以说是因为他的设计理念形成了他的人格特质。如一般人所熟知，贝聿铭的设计理念源自欧洲现代主义的延伸与发扬，他运用几何形体，并不断发展与精进，使建筑造型形成抽象的几何雕塑，因而获得盛名。分析多年来不同媒体对贝聿铭的访谈，可以清楚地知悉他的设计理念、思想、人格特质之间的关系。下面几个项目案例是他设计理念与人格特质的一个剪影。

当杰奎琳·肯尼迪夫人问贝聿铭对肯尼迪图书馆在建筑表现上的看法时，贝聿铭的回应是："基地在哪里？"他运用房地产投资的三要素："地段、地段、地段"来强调基地对于建筑设计的重要性。对他而言，错误的或不当的基地，再怎么努力做设计都是徒然，因此对的基地是做好建筑设计的首要条件，且建筑设计应与基地的特性相结合。

当有人问及塑造空间的重点时，他回答："光是关键。"贝聿铭重要的设计项目，除了超高层建筑之外，都大量地使用天光，借由光线的变化，塑造空间的趣味性。从早期的中国台湾东海大学路思义纪念教堂，到美国波士顿肯尼迪图书馆、美国国家美术馆东馆以及法国巴黎卢浮宫扩建工程，均是如此。

当美国《建筑师》杂志（*AIA Journal*）问贝聿铭："建筑师如何取得成功和获得成就感？"他回答说："必须具备三要素：业主、业主、业主。"他将建筑师的成功和成就感全部归功于业主，这并非意指建筑师的才能和专业不重要，而是说如果没有业主的全力支持，多好的设计构想都无法实现。回顾贝聿铭一生的事业，他重要的设计项目，尤其上述的4个里程碑，都是由于业主的欣赏和支持，他的设计构想才得以实现。对贝聿铭而言，业主绝对是建筑师成功和成就的三要素。后来贝聿铭又补充道："建筑师都在寻找好的业主，但一流的业主也在寻找能让他们信服的顶尖建筑师。"贝聿铭的补充实际上是对自己亲身经历的总结。

在超过60年的职业生涯中，贝聿铭看到许多有才华的建筑师，每天忙碌于满足业主的需求，以及各式各样的设计项目，终其一生，虽不乏一些好作品，但却始终不重要。对此，贝聿铭有另一句名言："太多好建筑师，重要的却很少。"（Too many good architects, too few important ones）对贝聿铭此言有不同的解读，有人认为他有些狂傲，有人认为这反映了他的心境，追求完美与重要性是他一生追求的目标。贝聿铭在齐肯多夫建设公司工作期间已经意识到这个事实，在还未脱离齐肯多夫之前，他就已积极地与上流社会交往，有计划地寻找潜在的优质

美国国家美术馆东馆的天光

卢浮宫玻璃金字塔的天光

业主。因此在后期，贝聿铭不仅在业主的选择上很挑剔，对设计项目的性质和类别也很在乎，他拒绝了许多设计项目，只接受极少数的委托，因为设计业务对他已不重要，只有重要性才是他的主要考量。有时候征询委托的设计项目是美术馆，但因贝聿铭个人认为业主的品位和修养不佳，即不接受该业主的委托。贝聿铭认为，二流、三流的业主自认为是出资人，难免会挑三拣四，不必与这种人来往。反之，对于他认为重要的业务，他会具有强烈的企图心和毅力，用各种方式来积极争取、说服业主，这也是他成功的主要原因之一。

成功要素

1935 年，当贝聿铭到达美国时，美国还是一个"白人至上"的年代，建筑师是一个绅士的职业，整个社会非常保守封闭。贝聿铭虽是来自中国苏州的世家子弟，但要进入美国上流社会并不容易。贝聿铭凭借的不仅是家族的财力支持，以及个人的设计才华，更重要的是他的人格特质、社交能力以及旺盛的事业心和毅力。贝聿铭具有艺术家的情操与执着、企业家的谋略与敏锐、华裔的实事求是与念旧情怀，这些人格特质使他具有一种异于常人的毅力，也有一种异于一般建筑师的魅力。笔者在贝聿铭事务所工作的数年间，从未看到过贝聿铭发脾气，他也从未公开指责过属下及同僚。他一直带着一种柔性的威严、温和的坚持和幽默的处世态度，使或年轻或资深的工作伙伴，都愿意尽心尽力为其工作，此乃他的成功要素。

原刊于 2017 年 6 月号台北《建筑师》杂志 514 期

注释

[1] Michael T. Cannell, *I. M. Pei : Mandarin of Modernism* (Random House Inc., New York, 1995), p.79.

[2] 同注 1, pp.93-94.

[3] Carter Wiseman, *I. M. Pei : A Profile in American Architecture* (Harry N. Abrams, Inc., New York, 1987), p.233.

第三章

空间时间
贝聿铭建筑空间的
现在完成时态

赖德霖

贝聿铭是一位现代主义建筑大师，他独特的建筑语言不仅见于强烈的几何形体，也见于形体所包覆的流动空间。对于贝聿铭来说，空间是一个营造建筑戏剧效果的手段，更重要的是，它还是促进人与人、人与自然以及人与历史交流的路径。本章在现代主义建筑和中国传统建筑的双重语境之下，探讨贝聿铭建筑空间的渊源，同时试图定义他对现代主义"空间—时间"概念的贡献，即对时间概念的现在完成时态的补充。

贝聿铭第一个探讨建筑空间与自然环境关系的设计是 1946 年在哈佛大学完成的毕业设计：上海中国艺术博物馆（受格罗皮乌斯指导）。这个博物馆带有若干展室和一个被水流贯穿的茶庭，此外还有数个小庭院点缀其间[1]。

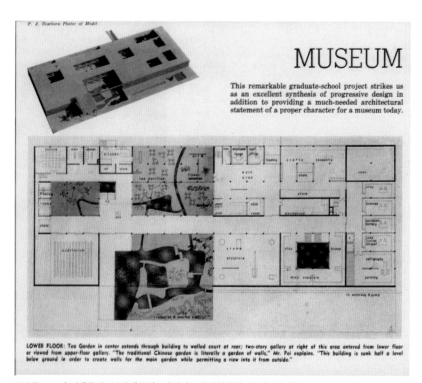

贝聿铭 1946 年哈佛大学硕士毕业设计：上海中国艺术博物馆（赖德霖提供）

  1935年，密斯·凡·德·罗将庭院引入现代居住建筑，设计了哈贝住宅（Hubbe House）。日后，密斯称该宅为庭院住宅（Atrium House）。显然，他的前卫设计对于贝聿铭这位哈佛大学的学生来说并不

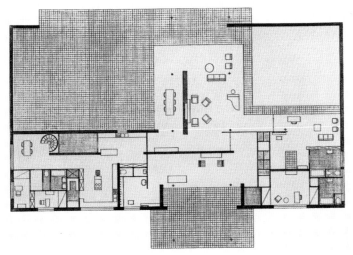

哈贝住宅平面图

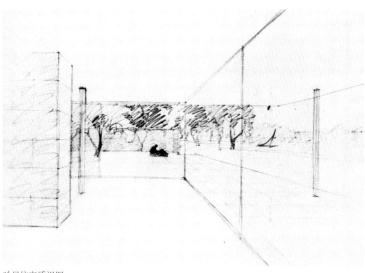

哈贝住宅透视图

奇怪。贝聿铭对庭院空间的理解来自两个更为直接的途径，一是他本人的生活经历，二是 20 世纪 30 年代和 40 年代出版的有关中国园林的学术著作。众所周知，贝聿铭小时候在苏州住过，著名的私家园林狮子林是他儿时的游乐场[2]。

他对园林生活的热爱很可能是受到了两本有关中国人生活和文化的英文畅销书的陶冶，这两本书都是著名的人文主义学者林语堂所著，分别是于 1936 年和 1937 年在美国出版的《吾国与吾民》和《生活的艺术》。林语堂特别批判了现代的城市生活，如他在《生活的艺术》一书中模仿上帝的口吻，训斥那个向上帝吵着要一个珠玉为门的天堂却不懂欣赏地球之美的人说："你这个不知好歹、忘恩的畜生！如此的星球，你还觉得不够好吗？很好，我将要送你到地狱去，让你看不到行云和花树，听不到流泉，将你幽囚到命终之日。"之后，林语堂说："上帝即送他去

苏州狮子林一隅

住在一家城市中的公寓里边。"[3]与之相应，林语堂高度称赞中国园林住宅的生活。他说："至中国式的居室与庭园，示人以更奥妙的神态，值得特别加以注意。这个与自然相调和的原则，更进一步，因为在中国人的概念中，不把居室与庭园当作两个分立的个体，而视为整个组织的一部分。"[4]林语堂的著作只是 20 世纪有关中国园林最早的研究之一。在 20 世纪 30 年代中期，林语堂担任编辑的英文《天下月刊》还发表过其他一些学者有关这一主题的文章[5]。其中两位作者后来成为第一部有关中国园林的英文著作《园庭画萃》（*Chinese Houses and Gardens*）的撰稿人。这本书由李绍昌主编，阮勉初摄影，于 1940 年出版。在现代主义新趋势和有关中国园林传统新研究的大背景之下，年轻一代的中国现代建筑师在设计中引入庭院甚至花园就不足为怪了。

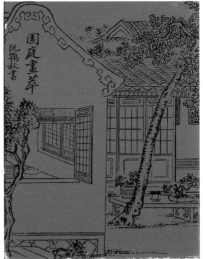

李绍昌主编，阮勉初摄影，1940 年出版的《园庭画萃》封面和封底

　　贝聿铭的第一座自宅就是一座园宅，他和妻子在其中共同营造了一个小花园。在后来的一个采访中，贝聿铭说，这座住宅非常小，但非常有中国特色，花和草都让他们想到中国[6]。1953 年，他把合院的想法用在了东海大学的校园设计上。

　　贝聿铭在哈佛大学设计研究生院的中国同学王大闳的童年也曾在苏州度过。1945 年，王大闳在《室内》（Interior）杂志上发表过一个庭院住宅设计[7]，虽然杂志的主编在编者按中试图把王大闳的设计与古希腊古罗马建筑传统相联系，但王大闳的设计所体现的中国影响是显而易见的。如他所画的细节，除挂轴和盆景之外，还有金鱼池和侏儒树。王大闳在中国台湾还设计过台北建国南路自宅和台北天母陈宅等，这些作品显示出他对《园庭画萃》一书的参照[8]。黄耀群（Yau Chun Wong）是20 世纪 50 年代密斯在伊利诺伊理工学院培养的中国弟子，他在 20 世纪60 年代设计的芝加哥庭院住宅也曾受到高度赞扬[9]。

贝聿铭的自宅（王大闳提供）

贝聿铭1953年将合院想法付诸实践的东海大学校园

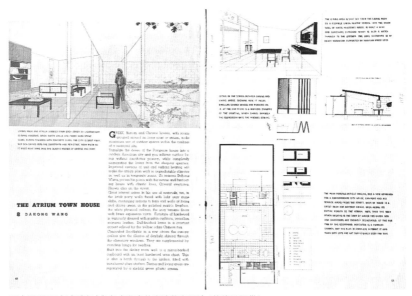

王大闳1945年在《室内》杂志发表的庭院住宅设计（赖德霖提供）

毫无疑问，相比于王大闳和黄耀群，贝聿铭有更多机会在大型公共建筑的设计中重新诠释庭院住宅的思想。众所周知，除了自然元素，贝聿铭的设计还十分重视空间，它会激发人们在建筑中的运动[10]。贝聿铭有关运动的认识与柯布西耶（Le Corbusier，1887—1965）所说的"建筑漫步"（la promenade architecturale）相呼应。它还令人联想到当时任教于哈佛大学设计研究生院的希格弗莱德·吉迪恩（Sigfried Giedion，1888—1968）在其1941年的著作《空间·时间·建筑》（*Space, Time and Architecture*）中定义的"空间—时间"概念。在这部现代主义经典著作中，希格弗莱德·吉迪恩以建筑空间的发展为标准，界定了不同的历史阶段，并以此勾勒出一部建筑史。在希格弗莱德·吉迪恩看来，现代建筑的空间不是三维的，而是结合了时间因素的"空间—时间"。吉迪恩的时空观对于多数现代建筑学生或许很新，但对于贝聿铭及其他熟悉中国园林空间体验的建筑师来说则未必。在20世纪50年代，一些接触到现代建筑流动空间概念的中国建筑师注意到，它与中国园林设计中所强调的步移景异思想具有相似性。贝聿铭也曾从中国园林的角度讨论过运动对于自己建筑设计的重要性[11]。

　　我从中国园林学到了"运动"。因为人口众多、土地有限，中国园林大都占地狭小。一个很小的土地却能极尽变化之能事，这是如何实现的？这就是因为步移景异。这与凡尔赛花园相反，东方园林以不断的惊奇吸引着游人。以为已经看到了最引人入胜的景物，但一转身，你又看到了其他，再转还有，就这样不断运动不断变化。在空间设计中就必须这样做。要制造惊奇，令人好奇。使人们左走、右转或前行，要激发人们，就这个词，去看和去探。

　　1982 年建成的北京香山饭店是贝聿铭重新诠释中国建筑传统的第一座大型公共建筑。该建筑的设计恰逢后现代主义在国际建筑中盛行之时，其新的理念，如意义、可读性和双重解码等，正挑战现代主义追求的功能、抽象性，以及阿摩斯·拉普卜特（Amos Rapoport，1929—）所称的"设计者的含义"（designers' meanings）。在中国，对民族特色的现代建筑探索已持续了近一个世纪。贝聿铭既不认可许多中国建筑师采用大屋顶或装饰母题的做法，也不认可查尔斯·詹克斯（Charles Jencks，1939—2019）在许多后现代主义作品中概括出的隐喻式夸张表现，和对传统建筑句法的变形使用[12]，贝聿铭希望"找到一种新的路径，作为小小的礼物，以偿还对于自己故土所欠的文化之债"[13]。

北京香山饭店（赖德霖提供）

　　在香山饭店的设计中，贝聿铭从中国建筑传统中选择了 3 个元素，对它们作了现代主义的诠释。第一是体现在中国南方建筑，特别是苏州建筑白墙青瓦的纯洁性；第二是中国园林平面所引发的运动感以及室内外空间的互动；第三是方圆几何图形的简单性。"圆方方圆图"是宋代建筑典籍《营造法式》的第一张图。由戴谦和（Daniel Sheets Dye）所著，

查尔斯·詹克斯的著作《后现代建筑语言》　　　　戴谦和的著作《中国图案设计》

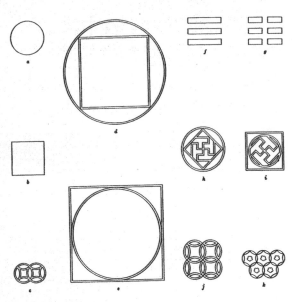

《中国图案设计》一书内的圆方方圆图

1974 年出版的英文著作《中国图案设计》（*Chinese Lattice Designs*）一书中介绍了这张图。

尽管稍有变化，但贝聿铭另外两件在东亚的作品：日本滋贺县的美秀美术馆（1997）和中国苏州的苏州博物馆（2006），多少有北京香山饭店的这 3 个特点。它们的空间将建筑周遭的自然景观与参观者的运动相结合，这一做法更是贝聿铭半个世纪前，在哈佛大学设计研究生院毕业设计中所做的庭园式美术馆的发展。贝聿铭的"流动空间"与柯布西耶的"建筑漫步"最大的区别，在于贝聿铭对中国历史的参用。例如，香山饭店庭园中的流杯渠是一个象征性对象，令人联想到王羲之的《兰亭集序》。美秀美术馆前的廊桥则采用了陶渊明《桃花源记》的空间典故。在苏州博物馆的设计中，贝聿铭将隔壁忠王府由文徵明手植紫藤的一个枝杈移植入博物馆室内，从而使这座 21 世纪的建筑沾上了明代吴门画派大师文徵明的手泽。我们可以说，相对于柯布西耶和吉迪恩的空间概念，贝聿铭最大的贡献就是"时态"，前两位现代主义建筑家的概念只是"一般现在时"，而贝聿铭的设计，通过使用典故，与中国艺术和文学相关联，展示出了"现在完成时"。与复古主义的"过去时"和未来主义的"将来时"

香山饭店庭园中的流杯渠

日本滋贺县的美秀美术馆

苏州博物馆

将文徵明手植的紫藤剪枝移植至苏州博物馆庭园
（赖德霖提供）

不同，"现在完成时"联系起古今，为游人的空间体验增加了历史维度，并将这种体验转变成为一种历史文化与当下生活的对话。

现在完成时态在中国文学和绘画中同样有所体现，它们表现在对典故的使用，以及题词、拼贴等文字或视觉形式之上。在中国建筑中，特别是风景区和园林，设计者为了创造一种具有诗意的环境，总会利用具有表意功能的元素，将历史过往再现于当下。例如，狮子林中有立雪堂，它的名字喻指了六世纪僧人慧可（即日后的禅宗二祖）的故事：慧可冒雪立于达摩祖师的禅堂之外，等候祖师禅思之后向祖师求教。狮子林另一处庭园中有一棵柏树，相邻的厅堂被命名为指柏轩，喻指宋代赵州禅师的一个著名故事：当一个执迷不悟的小和尚不断就一个问题向禅师发问时，禅师手指柏树，以改变他的思维定式。狮子林还有一座厅堂被命名为云林遗韵，它令人想到元代的著名画家倪瓒，倪瓒号云林。除题词或历史名称之外，古代遗存和象征性元素在扩展园林空间环境的历史维

苏州狮子林的"古五松园"匾

苏州狮子林的旱船画舫

度方面也具有重要意义。以狮子林为例，这里有宋代民族英雄文天祥等先贤的墨迹石刻和清代乾隆皇帝等历史名人所题的匾额，还有"古五松园"庭园中的古树，以及借用庄子不系舟典故，象征无拘无束人格的旱船画舫。

借用美国符号学家查尔斯·皮尔斯（Charles S. Pierce，1839—1914）给出的符号概念，题词、古代遗物以及象征性元素可以被称为指示符号（indices）、图像符号（icons）和象征符号（symbols）。作为符号，它们有助于创造空间典故，从而扩大中国园林环境的历史维度。贝聿铭建筑所借用的桃花源、文徵明手植紫藤和流杯渠就是一些这样的符号。

在海外读书的贝聿铭很可能读过林语堂有关中国文化和建筑的英文畅销书，以及阮勉初等有关中国园林的著作《园庭画萃》。在与著名中国园林学者陈从周（1918—2000）的直接交往中，他也获益很多。20世纪70年代纽约大都会艺术博物馆兴建阿斯特中国庭院明轩（The Astor

陈从周参与的纽约大都会艺术博物馆明轩（取材自纽约大都会艺术博物馆网站，© MET）

纽约大都会艺术博物馆明轩（取材自纽约大都会艺术博物馆网站，© MET）

Court），陈从周参与其事并与贝聿铭相识，贝聿铭稍后设计北京香山饭店曾向陈从周请教[14]。陈从周不仅是一位学者，还是诗人、画家、书法家和茶及昆曲的爱好者。陈从周有关中国园林的鉴赏和讨论是从传统文人的视角出发的。在其著名园林论著《说园》的第一篇中，陈从周把文化内容视为自然景观的补充。

> 我国名胜也好，园林也好，为什么能这样勾引无数中外游人，百看不厌呢？风景绚美，固然是重要原因，但还有个重要因素，即其中有文化、有历史。我曾提过风景区或园林有文物古迹，可丰富其文化内容，使游人产生更多的兴会、联想，不仅仅是到此一游，吃饭喝水而已。文物与风景区园林相结合，文物赖以保存，园林借以丰富多彩，两者相辅相成，不矛盾而统一。这样才能体现出一个有古今文化的社会主义中国园林[15]。

通过在北京香山饭店、美秀美术馆和苏州博物馆的设计中增加历史维度，贝聿铭不仅响应了业主和后现代主义者对于文化关联及建筑意义的要求，而且扩大了现代主义"空间—时间"的时态概念。在中国大陆，有两位著名建筑师做过类似赋予建筑空间以时间遗痕的尝试，他们是冯纪忠（1915—2009）和王澍（1963—）。将不同时期的建筑物——宋代的方塔、明代的照壁、清代的天后宫以及冯纪忠自己的作品何陋轩同时陈列在冯纪忠设计的上海松江方塔园（1978—1980），体现了冯纪忠"与古为新"的创作理念。2012 年普利兹克奖得主王澍的建筑以创造性地再利用从废墟搜集的废旧建筑材料而广受称赞。如果说冯纪忠和王澍的策略可以被称为"拼贴"，而类似于绘画，那么贝聿铭建筑中扩大时间维度的历史联系则可以被称为"典故"，而类似于文学。"拼贴"使得冯纪忠和王澍的建筑具有画意，"典故"则通过赋予空间表意功能，增加了贝聿铭建筑的诗意。

原刊于 2019 年《建筑遗产》第 3 期

2006 年威尼斯建筑双年展，王澍以废墟搜集的废旧建筑材料创作的作品

注释

［1］黄健敏，《贝聿铭的世界》，台北艺术家出版社，1995 年。

［2］http://www.szszl.com/ShowNews.aspxnewsid=666

［3］林语堂，《生活的艺术》，北京联合出版公司、群言出版社，2013 年，246 ~ 247 页。

［4］同注 3，298 页。

［5］Chen Shou-Yi，"The Chinese Garden in Eighteenth-Century England"，T'ien Hsia Monthly, Vol. II, 1936, pp.321-339; Chuin Tung（童寯），"Chinese Gardens: especially in Kiangsu and Chekiang"，T'ien Hsia Monthly, Vol. III, No. 3, Oct. 1936, pp. 220-244.

［6］Gero von Boehm, *Conversations with I. M. Pei: Light is the Key*（Prestel Publishing, 2000）.

［7］"Atrium Town House"，*Interior*, Jan. 1945, pp. 68-69.

［8］王大闳长子王守正访谈，2014 年 5 月 19 日。

［9］Yau Chun Wong，"Art Institute of Chicago"，http://www.artic.edu/research/yau-chun-wong

［10］同注 6，38 页。

［11］同注 10。

［12］Charles Jencks, *The Language of Post-Modern Architecture*（Rizzoli International Publications, Inc., New York, 1977）.

［13］《贝聿铭谈建筑创意》，《建筑学报》第 4 期，1980 年。

［14］http://newspaper.jfdaily.com/jfrb/html/2011-03/04/content_523150.htm

［15］陈从周，《说园》，同济大学出版社，1984 年，6 ~ 7 页。

第四章

高端现代

贝聿铭、格罗皮乌斯与
建筑师合作社

张晋维

重思贝聿铭：研究意旨

由中国香港 M Plus（M+）博物馆主办、C Foundation 赞助，于 2017 年盛大举办的"重思贝聿铭：百年诞辰研讨会"（Rethinking I.M.Pei: A Centenary Symposium）分为三部分：首先是 2017 年 3 月 30 日为贝聿铭（生日为 1917 年 4 月 26 日）在哈佛大学设计研究生院进行祝寿晚会的暖场座谈；接着是分成两场次进行的国际研讨会，分别于 10 月 12 日、13 日在哈佛大学设计研究生院举行，12 月 14 日、15 日在香港大学建筑学院举行。本章是翻译自笔者在香港场次发表的专题论文，同场发表专题论文者还有巴里·伯格多尔（Barry Bergdoll）、曾若晖、张永和、陈伯康、陈丙骅、托马斯·丹尼尔（Thomas Daniell）、杜鹃、黄明威、关晟、林兵、刘琳璠、刘太格、埃里克·芒福德（Eric Mumford）、卡姆兰·纳德利（Kamran Afshar Naderi）、成美芬、莎拉·史蒂文斯（Sara Stevens）、珍妮特·斯特朗（Janet Adams Strong）、曹慰祖、吴光庭、杨敏德、朱涛。他们多是著作等身的教授或业界资深的前辈，决定性的任务应该交给他们。在此，我想提出几个发问的角度，作为研究意旨。

对于建筑的认识根植于 20 世纪初以来欧美"大写的"现

2017 年"重思贝聿铭：百年诞辰国际研讨会"香港大学场次海报（张晋维提供）

代建筑（Euro-American Modern Architecture），尤其战后大萧条时期之后，功能主义理性论述、重新思考贝聿铭被赋予最后一位高端现代建筑大师（the last master of high modernist architecture）的名号。本章提出 3 个指向相对松散的理论假说，由建筑史的角度发问：

（1）贝聿铭在刚离中国、初抵美国之际对于"现代"的想法与认知为何？

（2）离开德国后到英国的格罗皮乌斯，在美国的哈佛包豪斯（Harvard Bauhaus）如何教学？

（3）中国台中东海大学移植了什么现代性（modernity）？

贝聿铭的前现代情境

1935 年贝聿铭赴美，选择宾夕法尼亚大学是不合适的，尽管该校是多数中国第一代建筑师（杨廷宝、梁思成、童寯等）毕业的学校。因为当时的宾大采用巴黎美术学院的学院派艺术训练（Beaux-Arts），致力于仿效渲染与表现技巧的建筑训练，而贝聿铭最喜欢的建筑却是建筑师邬达克（László Hudec）在上海设计的 24 层钢筋混凝土结构的国际饭店（Park Hotel）。

转学到麻省理工学院之后，当时在美国东部各建筑系演讲的柯布西耶对贝聿铭影响甚巨，将他出国前萌芽的前现代情境从想象层次拉进了物理维度：形式、空间、材料和技术，成为设计现实。马德格斯·培根（Mardges Bacon）在《柯布西耶在美国》（2001）一书中写道：贝聿铭麻省理工学院的毕业设计"中国宣传部移动剧院单元"是受柯布西耶郊区量产住宅的启发；《勒·柯布西耶全集》在贝聿铭就读期间已被麻

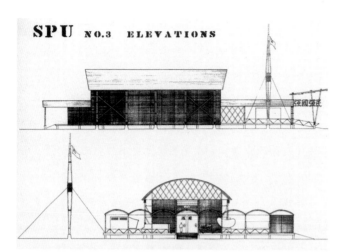

贝聿铭 1940 年麻省理工学院学士毕业设计

柯布西耶 1934—1938 年量产房屋原型设计（张晋维提供）

柯布西耶 1937 年巴黎世博会场馆设计（张晋维提供）

省理工学院图书馆收藏，甚至贝聿铭在哈佛大学设计研究生院的毕业设计"上海中国艺术博物馆"的灵感，也来自同样收录于该著作（《勒·柯布西耶全集》，第3卷，1934—1938）中的柯布西耶巴黎世博会新精神馆。

　　贝聿铭从麻省理工学院到哈佛大学设计研究生院是有缘由的。在1937年波士顿美国建筑师协会的聚会上，麻省理工学院的院长威廉·埃默森（William Emerson，1873—1957）向贝聿铭介绍了由哈佛大学设计学院院长约瑟夫·哈德纳特（Joseph Hudnut，1886—1968）请来执掌哈佛建筑系的格罗皮乌斯，贝聿铭意识到，终于有位现代主义的精神领袖——即使不是柯布西耶——可以追随。接着，哈佛大学设计研究生院学生杂志《Task》于1941年刊登了贝聿铭在麻省理工学院的毕业设计。第二年，贝聿铭迎娶了哈佛大学景观建筑研究所学生卢淑华。

　　一位建筑系教授、一本学生刊物、一位终身伴侣，贝聿铭与毕业后还任教两年的哈佛大学似乎有着不解之缘。

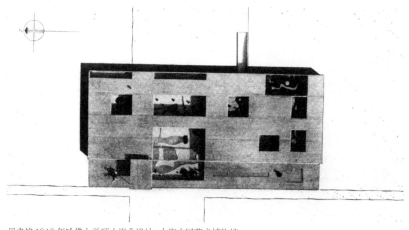

贝聿铭1946年哈佛大学硕士毕业设计：上海中国艺术博物馆

格罗皮乌斯的包豪斯：伦敦与哈佛

贝聿铭说过："太多好建筑师，重要的却很少。"或许自负，但错不了。美国哈佛大学设计研究生院培育了比德国包豪斯更多的有影响力的建筑师，除了贝聿铭，还有菲利普·约翰逊、保罗·鲁道夫和王大闳。将他们的贡献化约为现代形式的包豪斯风格化作品（譬如20世纪80年代早期后现代主义攻击炮火里所谓的玻璃盒子、耶鲁盒子、哈佛盒子），也确有道理，这些作品的设计过程与社会效果仍需细究。在《20世纪30年代的国际风格》（1965）一书中，威廉·乔迪（William Jordy，1917—1997）直言国际样式的代表作已在1922年至1932年间悉数落成，这一看法跟柯布西耶的《走向新建筑》（1923）和菲利普·约翰逊与希区柯克（Henry-Russell Hitchcock，1903—1987）共著的《国际风格：1922年以来的建筑》（1932）中的观点有所呼应。汤姆·沃尔夫（Tom Wolfe，1930—2018）所揶揄的从天而降的头号白色上帝（《从包豪斯到我们的房子》，1981）的说法更具代表性和根本性。"莅临"哈佛大学设计研究生院执教的格罗皮乌斯或许早有自觉，初期的包豪斯做法与形式，到了美国，已经难以满足一个重视产品包装的资本主义消费社会对于建筑形式的期待，异化空间的文化形式本身就是值得精致化的商品。

格罗皮乌斯1934—1935年移居英国的公寓设计（Wikimedia Commons，© spudgun67）

格罗皮乌斯在英国停留的 3 年时光——被佩德·安克尔（Peder Anker，1966—）在其著作《从包豪斯到生态建筑》（*From Bauhaus to Ecohouse: A History of Ecological Design*，2010）中称为"伦敦包豪斯"（London Bauhaus）的阶段——正是转折点。为躲避德国纳粹的政治压迫，格罗皮乌斯于 1934 年移居英国，并和关注社会议题与都市贫民窟的麦克斯韦·福莱（Maxwell Fry，1899—1987）合作。他们一起完成的公寓跟格罗皮乌斯过去自行设计的有明显差异，诚如威廉·乔迪所言："具地域特性的设计质量于战后变得突出，在 20 世纪 30 年代德国流亡建筑师作品上清晰可见。"这个趋势在格罗皮乌斯赴美后更加明确，就像他跟马歇·布劳耶在美国东海岸马萨诸塞州共同操刀的新英格兰住宅所表现的那样，在其擅长的现代空间语汇中，和谐地融合了富地方色彩的石造、木工等构筑技法。

历经战乱和伦敦包豪斯洗礼的格罗皮乌斯再也不是保罗·克利（Paul Klee）口中那位德国包豪斯时期高傲专制的镀银王子（Silver Prince），跨越大西洋后，他在哈佛大学设计研究生院鼓励贝聿铭将现代技术升级，

格罗皮乌斯和布劳耶在美国共同设计的哈格蒂住宅（Hagerty House，1938 年）
（取材自 aryse.org 网站）

淬炼形式，以成就高端现代（high modern）。定义若属必须，不妨采纳格罗皮乌斯 1948 年在《前卫建筑》（*Progressive Architecture*）上对贝聿铭毕业设计的赞誉："一位有能力的建筑师可以在不用牺牲进步设计概念的同时，非常完善地掌握那些他发现仍富生命力的基本传统特质。"尽管在《发明美国现代主义》（*Inventing American Modernism: Joseph Hudnut, Walter Gropius, and the Bauhaus Legacy at Harvard*，2007）一书中，吉尔·皮尔曼（Jill Pearlman，1954—）已将哈佛包豪斯的来龙去脉讲述清楚，但是我们仍然需要伦敦包豪斯的知识光线，才足以对现代建筑的英雄时代进行解密，这是艾莉森和彼得·史密森（Alison & Peter Smithson，1928—1933 & 1923—2003）在《建筑评论》（*Architectural Review*）1965 年的特刊文章中所阐述的主要观点。

移植的现代性：华东大学与东海大学

由哈佛大学设计研究生院校友创办、格罗皮乌斯领军的建筑师合作社于 1946 年接受中华基督教联合董事会（简称联董会）的委托，设计上海华东大学。贝聿铭和王大闳都曾协助"以类型、构造与配置模式去追求融合西方大学校园理念与中国本土建筑文化的意图，适时地让中国人熟悉的空间趣味与文化想象得以隐身在现代建筑的形式之中"（郭奇正的评论，2017）。后来，兴建华东大学的方案因时局动荡作罢，联董会继而在台中建造东海大学，以延续未竟之业。

奇怪的是，1953 年，联董会没有找建筑师合作社，而是直接找上了辞去哈佛大学设计研究生院教职后于 1948 年在威廉·齐肯多夫的地产公司担任建筑部门主管的贝聿铭来执灯掌舵。原因推估有二：其一，擘划上海华东大学蓝图的联董会秘书长芳威廉（William Fenn，1902—1993）与贝聿铭交情匪浅；其二，当时联董会扬弃以往亨利·墨菲（Henry

Murphy，1877—1954）或帕金斯、费罗斯和汉密尔顿（Perkins, Fellows & Hamilton）在中国土地上与民众日常生活互相抵触的宫殿建筑（palatial building），转而寻求贴近百姓民居的全新形态的校园建筑。因此，受格罗皮乌斯"现代血统"亲传、兼备中华背景的贝聿铭自然成为革新南京城市与"民国建筑"意象化了的意识形态的不二人选。让一切固定的东西都烟消云散，用马歇尔·伯曼（Marshall Berman）的话来说，这就是现代性的经验："指引着空间的文化形式（cultural form of space）的转变，也关系着空间的经验方式（mode of experience）的转变，它们在竞争现代性（contesting modernity）"（夏铸九在评论中所引用的马歇尔·伯曼的话，2016）。

然而，历史总是充满"惊奇"。事实上，贝聿铭在担任总建筑师之前只是《东海大学设计竞赛参赛须知》的拟定者，并偕同亨利·侯赛因（Henry Hussey）等专家学者组成评审团，遴选出来自日本的柯布西耶的学徒吉阪隆正（1917—1980）。贝聿铭声称，即便赢家并未空缺，但所有提案皆未达标准。可想而知，当时已是联董会首席幕僚的贝聿铭，早对芳威廉在"我所欲见设于台湾之基督教大学的形态备忘录"（1952）中不落俗套的校园意象有所掌握，也因此获得竞赛主办单位的完全信任与充分授权。根据会议记录，贝聿铭在"发榜"当天便从评审委员摇身一变成了东海大学校园的总建筑师。

陈其宽 1954 年绘制的全景式东海大学校园俯瞰意象（张晋维提供）

　　回首斟酌，贝聿铭似是有备而来。由竞赛评审"跳级"成为东海大学总建筑师的时候，贝聿铭提名了能在纽约协助他的张肇康和陈其宽两位华人建筑师，贝、张、陈合称"东海三人"（Tunghai Three）。根据贝聿铭先前在华东大学的既有经验，加上他亲自从中国台湾带回美国的基地数据，"东海三人"随即在 1954 年顺利地提出整体规划方案，并于第二年在成功大学"今日建筑研究会"（由建筑学者金长铭创建）的《今日建筑》杂志上刊登图面。在东海大学的设计方案中沿用了许多华东大学的模式：低矮的合院建筑、长向搭接的体量、连贯室内空间的雨遮回廊（既是主要动线，也是活动空间）、伴随着一座钟塔的路思义纪念教

建筑师合作社 1952 年绘制的华东大学全区配置图（张晋维提供）

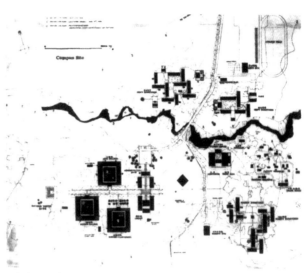

贝聿铭1954年绘制的东海大学校园配置图（张晋维提供）

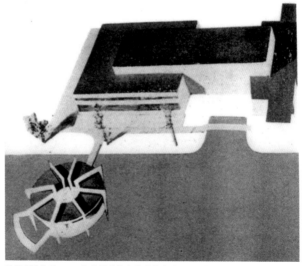

建筑师合作社1948年绘制的华东大学集会堂（张晋维提供）

堂的雏形，还有它们在校园里各自的地理位置，皆大致确定。

　　在这个特殊的营造经验当中，"设计者本身的价值与技艺，将为建筑作品，加入业主意图以外的其他意涵。要更深入地认识东海校园与建筑，我们必须对这个作为诠释的设计过程，进一步地解读"（郭文亮，2017）。贝聿铭在东海大学的角色确实没有先前在华东大学那么重要，1967 年从陈其宽手中接下第二任东海大学建筑系主任的汉宝德指出，贝聿铭在校园里仅仅做了两个主要的指导：一是比照弗吉尼亚大学里托马斯·杰斐逊（Thomas Jefferson）设计的巴洛克式轴线组织的文理大道，二是如同南宋刘松年的画里附带方形基座的中庭屋宇。《与贝聿铭对话》中文版（2003）一书的附录"贝聿铭的中国情怀"，是译者林兵提供的访谈录，其中关于东海大学，贝聿铭表示："当时我只是对规划方案提出了初步的蓝图，具体的规划则由陈其宽、张肇康两位先生执行。"上述两校（华东大学与东海大学）设计措辞的雷同，难逃专业者的法眼。

　　贝聿铭在华东大学的设计中，安置了一个人工水池，加上步道、植

东海大学旧图书馆、教务处建筑的现况

栽打造出一个摆弄拼凑的中式园林，这和他在哈佛大学的毕业设计——上海中国艺术博物馆的基地里所采用的设计手法相近。倘若非说东海大学校园中有所谓中国性的研究旨趣，那么其大多凝聚在贝聿铭哈佛大学学弟张肇康所设计的建筑细部里：他将所有单向斜屋顶改为双坡的造型，且不在屋檐尾端做传统大屋顶起翘（飞檐）的收头处理；对于传统木构造的材料与结构的转化，他坚持使用浇灌混凝土来模拟斗拱的托架装置，而不以经济便宜的洗石子敷衍了事，就连构件收边的线脚都不马虎；还有廊道上举目可见的雕花枋板和步移景异的视觉效果。张肇康将贝聿铭"挪用"到东海大学的华东大学草案提升到了另一层次，至今在旧图书馆（今教务处）和理学院仍能看到这些考究的细节，相较晚些时候才来中国台湾定居的建筑师合作社成员陈其宽和其更具实验性的"诗意白墙"的文人气质（例如浪漫的女白宫与艺术中心），似乎张肇康灰瓦清水的工匠手法，在中国情调上略胜一筹。

不过，1960 年在中国台湾创立东海大学建筑系的陈其宽，毋庸置疑是当今"东海经验"传为佳话的第一要角，或者说是"在台代言人"。除了比张肇宽在台湾耕耘更久之外，担任首届系主任的他当时也从贝聿铭手上获得了更多校园设计的作者权，尤其是路思义纪念教堂。这也使得这一作为精神象征的校园地标建筑的著作权归属问题，引发了合作者之间的争议，使其相互间皆有微词。

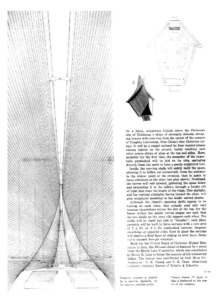

1957 年路思义纪念教堂初期木构造设计方案（张晋维提供）

贝聿铭在林兵的专访中声明："路思义纪念教堂完全是我设计的。"此点无可厚非，因为贝聿铭早在 1957 年就拟妥教堂方案，并在同年 3 月于《建筑论坛》（*Architectural Forum*）上以"中国的教堂"（Chapel for China）为专题进行报道。然而，该方案在 1959 年却遭到业主路思义基金会的否决，原因是贝聿铭属意的钢构木造教堂在闷热潮湿的中国台湾气候中不易养护，需要改用钢筋混凝土材质。这时，设计变更的责任便落到了刚在东海大学建筑系掌权的陈其宽身上。

　　贝聿铭的教堂草案，溯及他在麻省理工学院的毕业设计以及柯布西耶的新精神馆，两者在结构上均为预制构件，贝聿铭在哈佛大学设计研究生院攻读硕士时与刚投入建筑行业时都在推进这一结构形式，预制构件是哈佛包豪斯从欧洲现代主义中提炼出的、美国化了的"国际风格"。这种建筑标准化的生产方式能满足工地现场快速组装，以及在必要时方便拆卸的机动需求，对于准备在第二年（1955）随即招生开学的东海大学，不失为一个好的解决方案。然而，陈其宽费时 3 年才最终完成设计变更。期间，在他与基金会往返的信件中，提到了一位留学法国的中国台湾结构专家——凤后三，此人在设计变更中有着举足轻重的地位。

　　"东海三人"的现代传奇必须感谢王大闳。在建校董事会仍倾向于大型官式结构的背景下，正在台北的王大闳从中斡旋，大力为这支来自母校哈佛的设计团队背书。在必须得将木造改为混凝土结构，而贝聿铭团队里的德国工程师却无法处理造型的燃眉之际，王大闳无私地派出"御用"结构工程师凤后三，连同光源营造厂吴艮宗先生的团队，积极地协助陈其宽解决施工困难。如果说东海大学的校园是由移植而来的"现代性"所造就的文化折中式的"现代中国建筑"，引领了一条空幻的精神出路，那么"路思义纪念教堂可说是东海最没有乡愁、最现代的一栋建筑"（徐明松，2008）。

　　汉宝德认为"东海大学的校园代表着一种精神、一种教育理念"，通过建筑的表征，反映社会价值，镕铸于石，迂回表意。凤后三先生是贝聿铭唯一亲自对外证实过的、"东海三人"以外的重要功臣，但是贝聿铭却绝口不提王大闳的贡献，这又是为什么呢？或许从一封来自联董会执行秘书玛丽·弗格森（Mary Ferguson）的信件中可以看出端倪：当年对驻地建筑师林澍民信心不足的贝聿铭，对行政大楼与文学院执行成效失望之余，曾经主动邀请王大闳到东海大学校园发号施令，不过事实证明，贝聿铭并未如愿。这两位哈佛大学设计研究生院的同窗，同样来自中国、同时师承格罗皮乌斯，他们彼此之间究竟有没有误会？他们的"瑜亮情结"到底存不存在？这个设计圈内茶余饭后的轶事趣闻，却是学者在从事东海大学校园规划史研究时，必须正视的严肃课题。

　　有可能是，长袖善舞的贝聿铭发挥了过人的交际手腕，"拦截"了原本属于格罗皮乌斯建筑师合作社的东海大学校园规划，而王大闳唯恐对恩师不敬，所以没有接受贝聿铭的跨海委托。关于这个臆测，王大闳在为《贝聿铭——现代主义泰斗》（1995）的中译版（1996）执笔序文

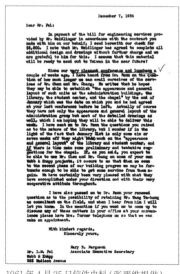

1961 年 4 月 25 日信件史料（张晋维提供）　1954 年 12 月 7 日信件史料（张晋维提供）

"一位最杰出的同学——贝聿铭"时写道："事过多年，这件工程不知为何最后竟落在贝聿铭手中。这事当然使格罗皮乌斯极不愉快。" 自 1970年，联董会逐年退出财务援助，传奇般的"东海经验"就此告一段落。王大闳在序文中这一白纸黑字的"摊牌"举措，距离东海大学校园规划的结束，已经过了四分之一个世纪了。被尼古拉斯·佩夫斯纳（Nikolaus Pevsner）"大写的"现代主义运动，经由美国移植东亚落足中国台湾，鲁莽地消化了西欧花了 500 多年来孕育都稍显仓促的现代性，"我们几乎有了'现代'建筑师，却忘了在前面早就有过了王大闳"（夏铸九，2007）。

一个暂时性的结论：东海作为"成为现代"的计划

东海大学是表征建筑现代性的独特的情境建构，作为一个"成为现代"的计划（"to-be-Modern" project），向世界传播关于现代建筑的论述。推敲"东海三人"、凤后三、王大闳的集体成就，自然在于该论述的制度化与空间化。注意！我们的眼光必须直视制度移植与空间构筑的表意作用，亦即，现代性的再现。也就是说，让东海大学成为现代建筑优秀作品的理由超越了设计学科或专业者本身的范畴。在 20 世纪中叶特殊的历史时势下，美国版本的现代建筑论述的再生产以及高端现代主义者们跨国合作的折冲过程，孕育了中国台湾建筑面对移植现代性时的反身能力的一点可能性。

在主体性的缺席下，建筑形式的创新不过是与客体层次上的断裂。建筑构造工艺（archi / tectonic）的失衡（跟不上横向"照搬"而非承传的新形式），赤裸裸地体现在林澍民与"东海三人"、台中与纽约两个团队在"设计精神"的演绎落差上。大卫·哈维（David Harvey）在《巴黎城记：现代性之都的诞生》（2003）中所指出的"创造性破坏"、夏铸九 2004 年关于汉宝德的大乘建筑观的入世提醒，都向我们提供了可贵的反省力量：在红沙壤土地上草创东海大学，感慨"于焉浮现"的现代建筑师，其实是借由现代建筑及其论述移植到中国台湾时，被赋予了制度性支持的建筑专业者。如果将路思义纪念教堂莫衷一是的著作权难题，归咎于作者权与合伙精神的张力拉锯，那么可以看出，作为现代专业者的"东海三人"，其内部的合伙精神竟然跨不过作者权的名利一关。对现代建筑师来说，其现代性的根源必须面对无法挣脱的自我，这件看似神圣的斗篷，实则是有着致命吸引力的"国王的新衣"。成为现代？自我实现的，究竟是破坏创造性之后不毛的建筑荒原，还是东方自身早熟的文化中，在反省与反观之后，朝向圆满的无我之境呢？

完全没有在中国本土受过专业训练的贝聿铭，无论其师生情谊是否因东海大学设计竞赛而变节，在建筑教育上，他都完整地吸收了哈佛包豪斯的养分。于英国进化了德意志联盟（Deutscher Werkbund，简称 DWB）素养，反对形式主义取向的格罗皮乌斯，绝非要求贝聿铭定于一尊，不假思索地临摹"格罗皮乌斯式的建筑"，而是在美国传授另类的设计方法：不偏颇、富独创性且灵活地接触真实的基地和用户。故佩德·安克尔称在哈佛大学设计研究生院任教时期的格罗皮乌斯为环境主义者：他（格罗皮乌斯）出席普林斯顿大学"规划人类形体环境"会议并发表谈话，为 1968 年前后风起云涌的、进步的空间专业领域——城市环境设计——埋下火种，点燃了与时俱进的社会运动和学院反思。同样的，长年肩负"最后一位高端现代建筑大师"头衔、功成名就的贝聿铭，在 1990 年受访时指出，希望能被历史评价为一位总是持续地为现代主义抱注源头活水的建筑师，而不愿屈居为一个前卫运动的末代人物。排斥特定式样（Style/-ism）的枷锁，是格罗皮乌斯和贝聿铭这师徒二人所共有的无需过度神话，却不容忽视的信仰。

重思贝聿铭，他鲜少公开演说或主动解释设计理念，更少行诸文字。贝聿铭跟马歇·布劳耶的交情，比跟格罗皮乌斯更好。在马歇·布劳耶传记（*Marcel Breuer: A Memoir*，Robert Gatje，2000）的开头，贝聿铭罕见地给了篇幅不长的出版文字，作为传记的前言。前言的结尾几句是这么说的："布劳耶与妻子康妮、淑华和我一起出海航行到希腊的岛屿。我们彼此承诺在船上滴酒不沾，也不谈论关于建筑的话题。结果，我们在海边畅饮着茴香酒，沉醉在阳光所带来的令人赞叹的各种光影形式之中。难道，这不是建筑的本质吗？"以上大概是目前我所知道的关于建筑最引人入胜的一段描述。也许关键从来不在于建筑对贝聿铭来说是什么，而在于他赋予了建筑什么样的契机。一门学科，一个专业，也是一种生活。

1947 年普林斯顿大学"规划人类形体环境"会议出席人员合照，格罗皮乌斯位居第一排中间（张晋维提供）

第五章

立体造型
贝聿铭早期作品与
混凝土构筑探讨

李瑞钰

　　贝聿铭在哈佛大学任教时，威廉·齐肯多夫正在威奈公司担任副总裁，急需为日益扩大的地产开发项目寻找年轻有才华、出身不必太富裕的建筑师，他咨询纽约现代美术馆主席纳尔逊·洛克菲勒（Nelson Rockefeller，1908—1979），辗转找到时任现代美术馆建筑部主任的菲利普·约翰逊，约翰逊提供了一张包含12位年轻建筑师的名单，其中就有贝聿铭。与齐肯多夫相约见面后，年轻的贝聿铭发现齐肯多夫是位有着雄心壮志的开发商，可以拓展他的视野，于是他决定辞去哈佛大学的教职，前往纽约。许多建筑界的朋友都劝他，不要去势利刻薄的纽约房地产公司，这样会毁了美好前程。贝聿铭与太太商量后，还是于1948年前往纽约威奈公司担任建筑部设计主任。齐肯多夫与贝聿铭及其父亲贝祖贻生肖都是蛇[1]，这样的特殊因缘，让后来全面掌管威奈公司的齐肯多夫与年轻有创意的贝聿铭能非常巧妙地契合在一起工作。

丹佛法院广场与希尔顿酒店

　　贝聿铭在哈佛读书时受教于瓦尔特·格罗皮乌斯与马歇·布劳耶，但是他最崇拜的建筑师是在芝加哥的密斯·凡·德·罗。贝聿铭初期在威奈公司完成的海湾石油公司办公大楼（Gulf Oil Building），与跟亨利·考伯陆续完成的纽约近郊与华盛顿特区的办公大楼和商场地产开发案中，多采用玻璃幕墙构筑系统，以显现现代创新的建筑风格。

　　1954年贝聿铭与亨利·考伯在丹佛规划法院广场与希尔顿酒店（Courthouse Square & Hilton Hotel），这是美国第一个结合百货、酒店、地下停车场与公共广场的商业地产综合开发项目。负责商场百货设计的亨利·考伯利用垂直线条的玻璃铝幕墙包覆建筑物，并将其作为美迪夫百货商店的宣传展示墙，商场活动的宣传可依玻璃幕墙框的宽度设计，然后将其安置在玻璃幕墙后面。中央展览厅则采用类似双曲面抛物线形状的混凝土薄壳结构，能提供无内柱的、可弹性分隔使用的大展览空间。丹佛的法院广场因开发金额庞大，商场与地下停车场部分于 1955 年先开工，于 1958 年完工启用，1959 年获得美国建筑师协会荣誉奖。酒店部分迟至 1956 年才设计。

丹佛法院广场的美迪夫百货商店与混凝土薄壳展示厅，1958 年（© Pei Cobb Freed & Partners）

1952 年哈佛毕业的艾罗多·科苏塔（Araldo Cossutta，1925—2017）工作 3 年后，于 1956 年加入新成立的贝聿铭联合事务所，随即由他负责丹佛希尔顿酒店的规划设计。曾在柯布西耶巴黎工作室工作的科苏塔对混凝土构筑较有经验，他建议新酒店的设计改用混凝土构筑，以区别玻璃幕墙的商场百货建筑，并可降低造价。当时正值朝鲜战争期间，钢料奇缺，这一构想获得齐肯多夫的首肯[2]。科苏塔开始设计后才发现丹佛

丹佛希尔顿酒店（现为喜来登酒店），1960 年（© Guy Burgress）

当地运用混凝土构筑的案例很少，经评估后改采用单元式预制混凝土外墙框组合设计希尔顿酒店外观，以确保混凝土工程质量。为了避免混凝土单调的冷灰色无法与酒店设计喜好的暖色调搭配，科苏塔尝试用丹佛附近的红色花岗岩碾碎后混入混凝土中制作预制混凝土板，并希望这些来自当地的花岗岩砾石可以显现于墙板外，使建筑的外观能融入地方特色。由于当时还没有将预制混凝土构件运用于建筑构造的先例，他在邻近的犹他州盐湖城（Salt Lake City）找到一家可以将外墙预制单元运用莫赛（Mo-Sai）制作流程达到砾石外露效果的厂商，经样板测试与价格评估后由这家厂商承造，再将制作完成的预制混凝土板运载至丹佛的工地进行吊装。这样费尽心力完成的希尔顿酒店与周遭的砖构造建筑搭配得非常和谐，成为当时丹佛地区最美的建筑物。丹佛希尔顿酒店也成为当时在建筑上运用预制混凝土板的最大项目。这一项目让贝聿铭有机会探索混凝土构筑与玻璃幕墙构筑的不同特性，并且逐渐将混凝土构筑的经验运用在其他设计项目中。希尔顿酒店（现为喜来登酒店）于 1960 年完成后，获得 1961 年美国建筑师协会年度荣誉奖，又于 1995 年获得美国建筑师协会丹佛分会的二十五年奖，并被收录于美国历史建筑名单内。

　　丹佛的商场与酒店项目分别获奖，展现出贝聿铭设计创新与技术开创的能力，同时也提升了齐肯多夫在地产圈的地位。在贝聿铭设计丹佛希尔顿酒店期间，真正的挑战即将到来。

基普斯湾广场

　　1957 年，当时担任纽约市贫民窟清理委员会（Slum Clearance Committee）主席的罗伯特·摩西（Robert Moses，1888—1981）邀请齐肯多夫协助他接下曼哈顿城（Manhattan town）公共住宅开发计划的中的纽约大学 - 贝尔维尤（NYU-Bellevue）项目。这一开发计划的原地产商塞缪尔·卡斯柏特（Samuel Casbert）于早期取得土地开发权后，没有按照合约计划将原地区的居民迁移、拆除破旧贫民窟并兴建新的住宅群，反而当起房东继续收取贫民的租金。期间，塞缪尔·卡斯柏特曾与附近的纽约大学与贝尔维尤医院商谈，将这块地改为纽约大学医学院与贝尔维尤医院的职员宿舍，以获取投资利益，协商期间还欠缴了土地税。1957年，纽约市爆发市政府在执行土地分配时未公开分配的丑闻，对市长罗伯特·瓦格纳（Robert F. Wagner）与执行此计划的罗伯特·摩西的声誉打击很大，为了平息市民的愤怒，罗伯特·摩西决定从塞缪尔·卡斯柏特手中收回纽约大学－贝尔维尤项目的土地开发权，转而寻求以开发土地快速果断闻名的齐肯多夫的协助。经过评估，齐肯多夫认为联邦住宅项目虽然利润低，但开发资金来自政府，不用担心银行贷款的利息压力，于是决定取得该项目的开发权，并将项目名称改为基普斯湾广场。

原计划项目中，6栋住宅楼的设计方案由SOM建筑事务所提出，SOM主持建筑师戈登·邦夏获悉贝聿铭将设计基普斯湾广场公共住宅项目后，建议他不要去碰这种属于"律师的工作"。贝聿铭将此意见转达给齐肯多夫，齐肯多夫不为所动。基普斯湾广场成了贝聿铭执业后面临的最大挑战[3]。

基普斯湾广场面积约3.0公顷，东西向面宽从第一大道至第二大道，南北向纵深从30街至33街，足足跨越了3个街区。贝聿铭以花园城市的规划概念分别于基地西北角与东南侧规划两栋长约125米、宽约20米的21层住宅大楼，中间围绕的中庭花园足足有1.2公顷。西北角住宅大楼出入口设在33街，东南角住宅大楼出入口则设在30街。每一栋的一楼全部作为住宅的公共配套设施，含入口大厅，上面20层楼规划房型从一室单元至四室单元，两栋合计有1160个单元[4]。住宅大楼围绕的中庭花园，贝聿铭原想放置9.1米高的毕加索雕塑以强化中庭花园的视觉焦点，但由于工程经费已非常有限，齐肯多夫给贝聿铭两个方案去选择，一是放置毕加索雕像，二是种 50 株树苗。贝聿铭很识相地选择了第二个方案[5]。

　　一般公共住宅大楼都采用廉价的砌筑外墙构造系统，这样的构造因混用多种不同性质材料，时日一久接合处常会龟裂，造成许多日后保养问题。贝聿铭认为低造价的住宅只要规划与兴建得宜，仍然可以获得高质量的建筑与住宅环境，于是想尝试只用混凝土，不加其他装饰素材来降低工程造价。齐肯多夫对此虽有疑虑，但是仍愿让这位有才华的年轻人尝试。对混凝土构筑比较有兴趣的科苏塔，当时已在负责丹佛希尔顿酒店，1957 年进入公司的詹姆斯·弗瑞德（James Ingo Freed，1930—2005）被安排负责住宅外观的设计。詹姆斯·弗瑞德于 1953 年毕业于伊利诺伊理工学院，期间曾受教于密斯，并于 1955 年在纽约菲利普·约翰逊公司协助密斯设计西格拉姆大厦（Seagram Building）。原本希望詹姆斯·弗瑞德能在玻璃幕墙系统的设计上发挥密斯样式的细部，但基普斯湾广场的进度迫使詹姆斯·弗瑞德必须面对他所不熟悉的混凝土构筑的设计。刚开始，事务所想参照正在规划的丹佛希尔顿酒店的经验，采用预制混凝土板系统，因评估造价太高而放弃。依照预算条件，只能采用现场浇筑清水混凝土的构造。为了有效掌控现场浇筑清水混凝土构造的特性，詹姆斯·弗瑞德在住宅楼的外立面尝试采用连续网格状小柱梁系统，并将其整合成为结构系统的一部分，柱梁之间则依照柱梁结构需求的尺寸与水平线板，相互形成凹凸面，小柱梁交接处依据混凝土转角补强筋的需求修饰成弧形收边，大片玻璃窗则安装在退缩 36 厘米的凹面上，让更多的光线进入室内，同时让人不易从侧面看见室内的情景，增加了房间的私密性。这样的设计使每一单元的外观看似一致却极富立体感，尤其是太阳照射在深凹窗时，阴影的层次与变化非常丰富。退缩窗设计使建筑内部空间规划更有弹性。詹姆斯·弗瑞德这种看似简单却层次丰富的外观细部，大大突破传统公共住宅的设计形式，但若要真正按照设计理念完成还有很多关卡要突破。

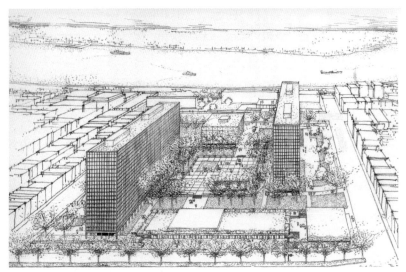

基普斯湾广场设计方案效果图（© Pei Cobb Freed & Partners）

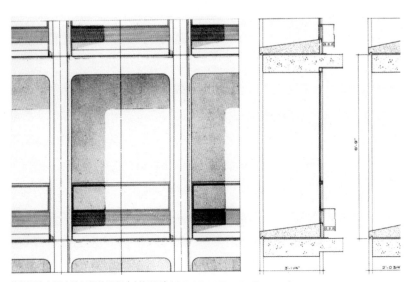

基普斯湾广场建筑细部的混凝土创新设计（© Pei Cobb Freed & Partners）

混凝土外墙样板测试（Mock-Up Test）（© Pei Cobb Freed & Partners）

混凝土外墙样板检验与完成后的内部空间（© George Cserna）

当时联邦住宅管理局（FHA）对负责公共住宅项目的开发商提供开发贷款，该机构在评估住宅设计是否符合贷款效益时是以房间数计算坪效※，户外阳台在坪效计算时认定为 1/2 房间。所有公共住宅的开发商为了取得贷款，不论基地是在城市还是在郊区，都会依照这一准则进行规划设计。但是贝聿铭认为，由于大都市的土地费用高昂，公共住宅规划已将每一户室内使用空间尽量紧缩，好让同样的楼层面积可以获得更多的户数，而户外阳台在大都市里利用率低，容易变成每户的废弃物堆集区。他建议将这些阳台面积并入室内空间来进行规划，使阳台变得更加实用。至于户外阳台的坪效认定，他建议在基普斯湾广场可以用退缩的深窗台面积抵换阳台的认定面积。齐肯多夫很早就知道，做公共住宅

基普斯湾广场外观（© Victor Orlewicz.）

※ 坪效是指每坪的面积可以产出多少营业额，是用来计算商场经营效益的指标，1 坪约为 3.3 平方米。

项目一定要找熟悉这些官僚系统规定且能与这些住宅管理局沟通的人合作，所以他同时找了熟悉这些住宅法令的纽约市当地建筑师凯斯勒（S. J. Kessler）作为合作建筑师。凯斯勒与贝聿铭见面后，认为如果他能与贝先生合作，共同向联邦住宅管理局沟通，会对突破限制开展业务有很大的帮助 ※。凯斯勒运用自己的关系展开运作，经过多次协调，住宅管理局破例同意贝聿铭提出的基普斯湾广场户外阳台坪效的计算方法[6]。

　　为了把控浇筑清水混凝土的设计与施工质量，贝聿铭事务所的爱德华·弗里德曼（Edward Friedman）负责混凝土特性研究。他找了纽约布鲁克林木制家具工厂用北美黄杉（Douglas Fir）制作出独创的塑形曲线模板，用来了解清水混凝土浇筑后不同木纹路的外观效果，同时借此检验模板支撑构架的结构强度。贝聿铭希望混凝土外观能得到浅暖黄色效果，爱德华·弗里德曼与营造单位挑选不同地区的砂石砾料，做成试样供贝聿铭与弗瑞德挑选，最后选定了宾州李海山谷区（Lehigh Valley）的砂砾。这个项目开创了混凝土模板工程要求绘制模板排列、支撑系统结构计算与模板施工大样图的送审先例。由于用网格状外墙构造作为结构系统在当时是首创之举，为了确保安全，基普斯湾广场工地变成了各类型现场浇筑混凝土结构性能的测试场所[7]。

　　威奈公司内部管理单位对公共住宅项目用清水混凝土的尝试一直存有疑问，他们同时找了纽约市最有实力的特纳（Turner）与富勒（Fuller）两家建筑公司进行报价，两家公司都不认可贝聿铭的方案，同时报出每平方米 193.8 美元的造价，齐肯多夫得知后认为如果以此造价兴建该项目将会赔大钱，他找了贝聿铭一起午餐并告诉他这个坏消息，声明最多只能负担比砖造成本多 10% 的造价。贝聿铭对超过预算近 50% 的成本感到沮丧，

※ 贝聿铭当时是纽约市联邦住宅管理局内多户住宅委员会（Multi-Family Housing Committee）的委员。

但表示仍希望再尝试其他方法以降低造价。齐肯多夫虽认同贝聿铭的设计，觉得这是引领新时代风潮的创举，但他更担心无法负担太高的费用。这位有冒险精神的企业家并未当场拒绝贝聿铭，过了几天，他告诉贝聿铭，他找了一家建造混凝土道路与桥梁的工程公司，这家公司在初次评估后表示可以在预算范围内完成项目建造。经过贝聿铭与这家公司的详细评估，造价可控制在每平方米 109.3 美元，相对于传统砖构造每平方米 102.3 美元的造价，增加了不到 10%[8]。之后，齐肯多夫决定将这家混凝土营造公司买下，以确保能在预算范围内完成该项目[9]。工程迟于 1961 年 9 月开工，1963 年 4 月，两栋 21 层的建筑完成并启用[10]。完成后的基普斯湾广场无论工程质量、建筑外观、内部空间规划，都让人耳目一新，随即获得 1964 年联邦住宅管理局公共住宅设计荣誉奖、1964 年都市更新协会（URA）的都市更新荣誉奖与纽约城市俱乐部（City Club of New York）阿尔伯特·巴德奖（Albert Bard Award）。

后来贝聿铭曾多次表示，非常感激齐肯多夫能在预算拮据的公共住宅项目上赌一把，让他可以在基普斯湾广场项目中对混凝土的特性做大胆与广泛的尝试，并在压低造价的同时仍然坚持工程质量，完成了这一受到众人瞩目的公共住宅。基普斯湾广场公共住宅完成后，东面沿第一大道又规划了一栋 10 层楼的医学院教职员宿舍，西面沿第二大道配合地形高差，规划了可容纳 300 个停车位的地下停车场，上有 3 层楼带状建筑，作为包含餐饮、电影院的商业空间。

贝聿铭将基普斯湾广场的混凝土经验运用在了同时期的费城社会山项目上。社会山项目因建筑群配置与城市环境呼应和细致的混凝土外观设计，获得 1961 年《前卫建筑》杂志设计奖，1964 年施工完成后获得了 1965 年美国建筑师协会年度荣誉奖。费城社会山项目于 1999 年被费城列入历史建筑名单。

费城社会山项目

麻省理工学院地球科学中心

1959 年年初，得克萨斯州（以下简称"得州"）仪器公司创办人之一、麻省理工学院毕业的塞西尔·格林（Cecil Green），已在麻省理工学院担任地质学系客座委员 8 年。鉴于将地质科学、气象学与大气科学整合为一个学院进行共同研究已成为趋势，塞西尔·格林提出用他和太太艾达（Ida）的名义共同捐款给学校，以兴建总面积约 9290.3 平方米的地球科学中心。很快，学校成立了建筑委员会，由时任建筑学院院长的皮耶特罗·贝鲁斯基（Pietro Belluschi，1899—1994）负责选址与建筑规划的协调和联络。贝鲁斯基曾教过贝聿铭，早就注意到了贝聿铭的才华，加上贝聿铭刚以最年轻建筑师的身份获得美国建筑师协会年度荣誉奖，便推荐贝聿铭为设计师。塞西尔·格林常在得州，他希望让有规划校园建筑经验的得州资深建筑师奥尼尔·福特（O'Neil Ford，1905—1982）加入。经委员会讨论，决定由贝聿铭负责新建筑的规划设计，由奥尼尔·福特担任校园规划顾问建筑师。贝聿铭很快组织了设计团队：由科苏塔负责建筑设计，爱德华·弗里德曼负责混凝土技术支持。这栋用于地球科学研究的大楼，受限于剑桥地区土地使用分区管制的高度限制，建筑委员会提出的面积需求与建筑平面规划为9层楼建筑（地上8层，地下1层），预算为250万美元。

由于基地的面积非常有限，加上邻近查尔斯河（Charles River）的地下水位很高，经过评估研究，贝聿铭提议将原本的建筑基地面积减半，以保留未来其他校园建筑增建的空地。建筑面积减半后，建筑可以往高层发展，由9层变为18层（实际高度有21层），同时，不设置地下室以避开河床的高水位。按照这样的规划，建筑楼高近90米。因新方案的建筑高度超过了剑桥区域的高度限制，新建计划方案被提送至马萨诸塞州规划委员会审查，委员会在审阅了配置方案并考察了未来校区发展需求后，破例同意该建筑物高度可控制在90米以下。新的规划使建筑费用大增，需要400万美元，格林先生对这高

地球科学中心与广场

地球科学中心挑高入口正立面(© George Cserna)

涨的预算（尚未包含大演讲厅与空调系统的费用）很讶异，但在得知新
规划同时考虑到了未来校园发展的扩充性后，不但同意了新方案，还愿
意支付大楼完成后的初期维护费用。

　　科苏塔的空间配置计划，是将一楼空出来作为户外广场，自二楼开
始规划使用空间。电梯设置于建筑两侧，利用建筑外墙梁柱作为大跨度结
构系统的支柱，以围塑出 18 米 ×36 米的无内柱空间，可容纳一个大型
演讲厅，也让实验或教学的室内空间规划更有弹性。双排的混凝土柱梁
首次使用玻璃纤维(fiberglass)制作模板，以获得拆模后更精致的外表面，
经过细心挑选和配比砾石，使混凝土的颜色可以搭配麻省理工学院邻近
老校园建筑的石材外墙颜色。基于先前丹佛希尔顿酒店与纽约基普斯湾
广场的建造经验，贝聿铭与科苏塔已能熟练地将混凝土技术与细部设计
运用在这栋研究大楼上。地球科学中心于 1964 年完工，于 1965 年获得
波士顿建筑师协会哈尔斯顿·帕克奖章。

美国国家大气研究中心

　　美国的气象学研究始于 20 世纪 30 年代，第二次世界大战时，气象学研究成果被广泛运用在军事上。二战后，气象学专家无用武之地，研究人员大量减少。美苏冷战时期，美国认识到大气科学研究的重要性。1959 年，14 所大学的大气科学研究院共同合作，在科罗拉多州博尔德市（Boulder）设立大气科学研究大学公司（University Corporation of Atmosphere Research, UCAR），并向美国国家科学基金会（National Science Foundation）争取共同研究经费。国家科学基金会认为将分散于各大学的大气科学研究人员聚集在一处，共享设施，可以发挥最大效益，便决定与 UCAR 合作，设立国家大气研究中心（National Center of Atmosphere Research，NCAR），并于 1960 年委任博尔德市高纬度气象观测站（在哈佛大学名下）的站长沃尔特·罗伯茨（Walter Orr Roberts, 1915—1990）博士担任第一届委员会主席，由他来负责拟定研究中心的兴建计划。沃尔特·罗伯茨首先选了一块博尔德南郊的面积为 228.6 公顷的台地，作为研究与实验中心的基地。1961 年经科学家勘查和市民投票同意之后，科罗拉多州政府以 25 万美元购下这块地，赠予国家大气研究中心作为研究基地[11]。

　　取得土地后，罗伯茨开始着手寻找建筑师。在参与研究中心初创的 14 所大学中，有 9 所大学拥有建筑学院。罗伯茨与筹备中心委员决定由这 9 所大学建筑学院的院长共同组成建筑师遴选委员会，并请麻省理工学院建筑学院的院长皮耶特罗·贝鲁斯基担任委员会主席，其中加利福尼亚大学伯克利分校建筑学院的院长查尔斯·摩尔（Charles Moore, 1925—1993）想作为建筑师参加遴选，便未加入委员会。8 位遴选委员推荐了自己属意的知名建筑师，包括埃罗·沙里宁（Eero Saarinen, 1910—1961）、阿尔瓦·阿尔托（Alvar Aalto, 1898—1976）、SOM 的戈登·邦夏等建筑师均参加了遴选。在委员会与大气科学家们面试了所有的建筑师后，贝鲁斯基提议应该找年轻有潜力且愿意倾听的建筑师来负责大气研究中心的设计。这一建议显然是针对贝聿铭的，因为他并没有设计过以大自然环境为基地的建筑，也没有设计过类似这样的特殊实验室，但是他善于沟通并愿意倾听，麻省理工学院地球科学中心的设计与建造过程让贝鲁斯基印象深刻。多数科学家都认同这项提议，因为他们希望未来的实验室能引入创新的构想，也希望建筑师能与他们做充分的沟通。在遴选委员会讨论后，以无记名投票的方式，最终同意邀请贝聿铭作为该项目的建筑师[12]，这对刚成立事务所的贝聿铭而言，是非常难得的机会。

在与沃尔特·罗伯茨会面后，贝聿铭便与科学家们展开了一连串的讨论。设计初期，参照麻省理工学院地球科学中心，贝聿铭提出了一栋高层大楼的方案，大气科学家们表示担忧，因为一个已经完全规划好的建筑方案将无法安置未来可能增建的建筑，也无法预留分期兴建的可能性。另外，研究人员不希望在这么接近大自然的环境中，还要搭乘电梯、经过长廊才能进入实验室。沃尔特·罗伯茨与研究学者代表奔赴纽约，到贝聿铭的事务所请他修改方案，希望以实验室为主的建筑方案能够与基地旁边的落基山脉相融合。这对一向擅长在都市里规划建筑物且开始要建立名声的贝聿铭来说是很大的挫折[13]。他多次前往博尔德市与科学家们进行沟通，还与太太一起走访邻近的古印第安文化保存地区，感受大自然对研究中心的意义。在弗德台地国家公园（Mesa Verde National Park），当贝聿铭看到位于阿纳萨齐悬崖（Anasazi cliff）下废弃的古印第安人居所群时，他注意到了那些由当地岩石砾和泥土混合搭建而成的多层住所，这种将居所融于自然的做法，展现了古印第安人对大自然的敬畏，启发了贝聿铭的灵感。

回到纽约办公室后，贝聿铭随即提出了由3组5层楼、无电梯的实验室建筑群与行政中心组合而成的配置方案，该方案的每一个实验室组群都由数个研究室围塑成一个公共空间，使每位研究员都有独立的角落空间，同时通过公共空间来增加研究员们碰面的机会。建筑外观采用了非常现代的、立体派造型的混凝土构筑，颜色与落基山脉的外貌相协调。1963 年 1 月，委员会同意了贝聿铭的方案，但受限于工程预算，取消了南面的建筑群与会议中心，还请贝聿铭作分期施工的计划。第一期梅萨实验室（Mesa Laboratory）工程于 1964 年 4 月开工，发包工程造价经挑选后降至每平方米 253.0 美元，低于每平方米 269.1 美元的原预算[14]。

　　贝聿铭从古印第安人穴居屋得到灵感，希望梅萨实验室的建筑能融入落基山脉的环境中。事务所的爱德华·弗里德曼负责混凝土技术，他将落基山脉的砾石碾碎后，以不同配比制作混凝土，作为建筑整体的颜色基调，供贝聿铭挑选。为了配合建筑外观的垂直立体感，采用垂直窄木作为混凝土模板相并排列，保留木板之间的细缝，灌浆拆模后，可以在近处看到这些窄模板之间留下的垂直细缝。再按区域，以首创的人工

阿纳萨齐悬崖下古印第安人居住的宫殿废墟（© National Park Service）

凿锤（bush hammering）方式清除外墙表面的细沙，使较粗的砾石裸露出来，收边则保留了原拆模样式以作区别。为了确保垂直窄模板与人工凿锤的外墙效果，爱德华·弗里德曼请施工厂商通过多种不同处理方式来制作样本，由贝聿铭从中挑选出最适合的效果，作为施工依据。施工期间，贝聿铭多次赴工地察看，定期邀请董事会与科学家视察工程进度、共同检验样板。1966 年 9 月，该期工程大部分完工，科学研究人员随即搬入实验室过冬。1967 年初，美国国家大气研究中心正式落成启用。

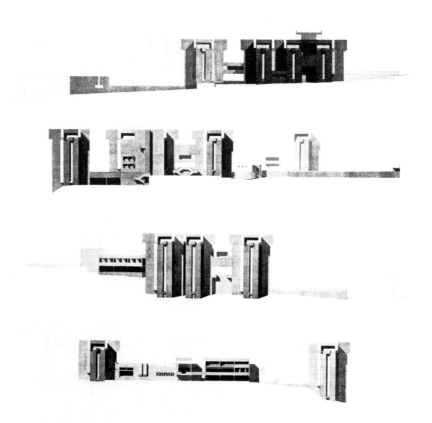

美国国家大气研究中心外观设计图（© Pei Cobb Freed & Partners）

贝聿铭在工地检查外墙测试的不同样板（© NCAR Archives）

　　从远处看，棕红色的建筑群与周遭的落基山脉完全融为一体；从近处看，研究中心强烈的垂直线条与突出屋顶的立体构件营造了超乎现代的意境。当地居民与科学家都认为，研究中心的外墙颜色充分融入了地域特色，其立体化的造型也彰显了实验室的前瞻性。完工后，梅萨实验室获得了《工业研究》（*Industrial Research*）杂志的研究中心奖（1967），并于1997获得美国建筑师协会科罗拉多分会二十五年奖，2007年《*Go*》杂志将梅萨实验室列为最佳研究中心。

美国国家大气研究中心混凝土外墙凿锤效果与垂直窄模板的效果

完工后的美国国家大气研究中心入口（© NCAR Archives）

美国国家大气研究中心与落基山脉（© NCAR Archives）

埃弗森美术馆

早在 1897 年，纽约州雪城（Syracuse）即有美术馆的展示设置，但都附属于图书馆或银行，没有一个独立的馆址。1941 年海伦·埃弗森（Helen Everson）死后留下了用于兴建永久美术馆的款项，但因遗嘱不明确，引起雪城大学与雪城美术馆的相互争夺。后经法院判决，将该款项赠予了雪城美术馆（Syracuse Museum of Arts）。雪城美术馆成立了埃弗森公司（Everson Corporation），负责保管与运用这笔资金。埃弗森公司建议雪城政府提供土地以兴建永久美术馆。市政府前后花了近 20 年的时间，终于在旧市区东边找到一处区域，并请城市规划师维克托·格伦（Victor Gruen）对该区域进行了规划，最终决定将美术馆安置在市民文化广场区。

1961 年，美术馆馆长马克斯·沙利文（Max Sullivan）与建馆委员会共同协商，遴选建筑师，候选人包括麻省理工学院建筑学院的院长皮耶特罗·贝鲁斯基、年轻的建筑师米契·基尔格拉（Mitchell Giurgola）与贝聿铭[15]。由于 3 位建筑师当时都没有美术馆的作品，使得贝聿铭凭借着他对现代艺术的了解和与不少知名现代艺术家熟悉的条件，获得了建馆委员会的认可。美术馆的原有收藏尚不足以支撑起日常经营，因此建馆委员会希望新设计的美术馆能有不同大小的展场以满足不同类别的特展和巡回展的需求，但同时，他们不希望设计一个单一的大弹性空间来区隔不同的展场。另外，美术馆位于市民文化广场上，需要为市民提供活动与教育的空间。

贝聿铭请事务所内的华裔建筑师黄慧生（Kellogg Wong, 1928—）与他共同负责方案设计。他们先将收藏、研究与教育性的功能空间全部安排在地下，地面一层提供户外广场；以风车式平面，用设在二楼的 4 个大小不同的展示空间围塑成中庭，在西北角安置回旋楼梯。两层高的雕塑展示空间与雕塑般的回旋楼梯，成了美术馆户外与馆内联结处的聚焦中心。

以不同高度外挑的两层展示空间，用大悬挑的剪力墙搭配大跨度的格子梁混凝土结构，塑造了美术馆如雕塑品般的几何外形，成为市民文化广场的视觉中心。这样的构造，使美术馆初期只需要开放永久与临时的两个展馆，保留另两个展馆作为未来的扩展。为了使崭新的美术馆能融入旧城区，贝聿铭将雪城当地生产的花岗岩捣碎后混入混凝土构筑。美术馆的混凝土墙没有沿用国家大气研究中心的垂直凿纹，改采用斜凿纹以掩盖模板拆除后留下的垂直痕迹。裸露于外墙的碎花岗岩，远远看去，呼应了市区旧建筑的特色。贝聿铭在中庭回旋楼梯的结构设计与混凝土模板的施工上费尽心思，以期塑造出美术馆室内中庭的视觉焦点。室内所有的地板、门、扶手与展示柜都以橡木制作并采用暗光处理，与粗犷的混凝土墙面形成强烈对比。为方便挂画，粗犷的混凝土墙面上还预留了挂画用的钉孔。

在埃弗森美术馆设计期间，筹备单位开始广泛地收藏艺术作品、募集工程经费。工程延迟了近 4 年，自 1966 年 3 月开始动工，于 1968 年 10 月完成。埃弗森美术馆以优异的设计与施工质量获得了 1969 年美国建筑师协会国家荣誉奖。

埃弗森美术馆

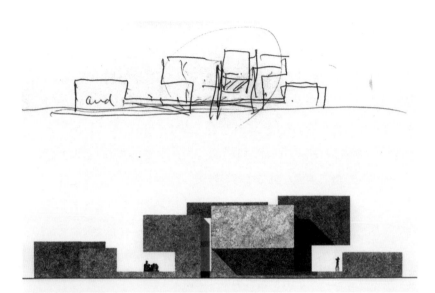

埃弗森美术馆外观设计草图与立面图（© Pei Cobb Freed & Partners）

埃弗森美术馆挑空中庭（© Everson Museum of Art）

得梅因艺术中心扩建

得梅因艺术中心（Des Moines Art Center）源于1916年创立于得梅因图书馆内的得梅因美术学会，起初，美术品的展示由公共图书馆负责。1933年詹姆斯·埃德蒙森（James D. Edmundson）过世，捐赠了50万美元作为永久艺术中心的建馆经费。当时正是经济大萧条时期，直到1940年，得梅因市才议定将艺术中心设置在与市中心的格林伍德公园（Greenwood Park）相邻的玫瑰花园（Rose Garden）旁。建馆委员会要求新的建筑必须是低层建筑，能够和邻近的环境契合，建筑外观必须采用能够搭配玫瑰花园柱廊的列侬石灰岩（Lennon Limestone）。

1944年伊利尔·沙里宁（Eliel Saarinen，1873—1950）获得艺术中心的设计权，他将艺术中心规划成三合院式的一层建筑物，围绕着中庭水池、朝向玫瑰花园。建筑外墙采用切成薄片的列侬石灰岩混砌而成，局部重点区域以磨平的石片搭配。艺术中心于1948年完工，经营多年后，由于大尺寸的绘画与雕塑日益增加，急需扩建新的展示空间。

1965年12月13日，贝聿铭得到肯尼迪夫人的青睐，被选为肯尼迪图书馆的设计师，一时间声名大噪。1966年3月，得梅因艺术中心委员

得梅因艺术中心中庭水池（© Pei Cobb Freed & Partners）

会决定邀请贝聿铭来设计艺术中心的扩建方案。贝聿铭利用原艺术中心面对玫瑰花园的下沉斜坡面，将雕塑品展示空间与新的演讲厅交迭安排在此处，并将局部挑空、两层高的雕塑品展示空间面向玫瑰花园，其他一层高雕塑品展示空间的屋顶上增设斜板采光侧窗，又将原来的演讲厅空间改为展示空间。这样的安排，使人们从原建筑的入口外几乎看不到新增的建筑。再将新增建筑与原艺术中心所环绕的中庭水池扩大，使人们进入艺术中心后，可以看到新增建筑倒映在水池中雕塑般的几何形体。贝聿铭将列侬石灰岩捣成砾石混入混凝土中浇筑外墙，再以人工凿锤形成垂直纹，使较粗的云石颗粒可以裸露出来，从而与沙里宁的建筑融为一体。

得梅因艺术中心扩建工程于 1968 年 9 月完工，获得了 1969 年美国建筑师协会国家荣誉奖。2004 年，伊利尔·沙里宁设计的得梅因艺术中心和贝聿铭设计的扩建区域，被一并列入美国国家历史保护区[16]。

面向玫瑰花园的得梅因艺术中心（© Dong Miller）

混凝土构筑作品的高峰与式微

1968 年年初，在美国国家美术馆扩建委员会征选建筑师的过程中，贝聿铭的埃弗森美术馆与得梅因艺术中心扩建工程都尚未完工，无法用来展示他对复杂环境的处理能力。但美国国家大气研究中心现代化的立体造型与落基山脉的自然背景完美融合的景象，使遴选委员们一致认为，贝聿铭就是设计美国国家美术馆东馆的最佳人选[17]。

1973 年，贝聿铭再次将融入基地特质的创新设计和细致的混凝土构筑，运用到了美国康奈尔大学约翰逊艺术馆（Herbert F. Johnson Museum of Art, Cornell University）与乔特学校保罗·梅隆艺术中心（Paul Mellon Center for the Arts, The Choate School）这两个项目上。二者都获得了 1975 年美国建筑师协会荣誉奖，其中约翰逊艺术馆还获得了 1974 年美国混凝土协会纽约协会的杰出奖（Grand Prize），保罗·梅隆艺术中心还获得了 1974 年纽约州工程顾问协会建筑物结构设计的第一名。

1978 年，美国节能法开始实施，要求建筑外墙必须达到一定的隔热系数。若要满足此标准，需要大幅增加混凝土外墙的厚度，这将造成成本大增。此后，混凝土构筑物逐渐退隐。2010 年，英国皇家建筑学会颁给贝聿铭终身成就奖。在受奖前，贝聿铭接受访问，当提及他被评为"混凝土构筑工程的创新者"时，贝聿铭引用了基普斯湾广场公共住宅项目。他解释道，正是自己当初的信念与坚持，使项目得以采用低造价的混凝土完成了高质量的公共住宅建筑[18]。

贝聿铭在执业初期，以初生之犊不畏虎的态度，面对每一个项目不同的挑战。他运用团队的集体构思，找出创新性的设计方案来解决问题，

康奈尔大学约翰逊艺术馆（© Nathan Lieberman）

乔特学校保罗·梅隆艺术中心（© Nathan Lieberman）

使每一个项目都能融入自身的基地环境中。在工程技术上，他不断尝试与研发混凝土构筑物的细部做法，以达到尽善尽美的效果。锲而不舍追求完美的态度，使他的大多数作品都能获得国家或地区的荣誉奖项。这些早期的混凝土建筑，在经历了大半个世纪之后，仍然伫立于不同的城市，成为该地区标志性的建筑，有些已被列入历史建筑名册。

原刊于 2017 年 4 月号《放筑塾代志》第 22 期

注释

[1] 迈克尔·坎内尔,《贝聿铭传——现代主义泰斗》,萧美惠译,台北智库文化出版社,1996年,107页。

[2] 同注1, 142页。

[3] Jorgen G Cleemann, "Kips Bay Towers", *DoCoMoMo_US*, August 17, 2012, History of Building/Site-original brief.

[4] Jorgen G Cleemann, "Kips Bay Towers", *DoCoMoMo_US*, August 17, 2012, General Description.

[5] Jorgen G Cleemann, "Kips Bay Towers", *DoCoMoMo_US*, August 17, 2012, Social.

[6] 同注5。

[7] Jorgen G Cleemann, "Kips Bay Towers", *DoCoMoMo_US*, August 17, 2012, Technical Evaluation.

[8] Paula Deitz, "The form simply came naturally:I.M. Pei Interview", *Architect's Journal*, February 4, 2010.

[9] 盖罗·冯·波姆,《与贝聿铭对话》(*Conversations with I. M. Pei: Light is the key*),林兵译,台北联经出版社,2003年,60~61页。

[10] "Project: Kips Bay Plaza", 引自 Pei Cobb Freed &Partners 网站。

[11] Robert Rakes Shrock, *Geology at MIT 1865—1965: A History of the First Hundred Years of Geology at Massachusetts Institute of Technology*, II, Departmental Operations and Products. (MIT Press, 1982), pp.145-150.

[12] NCAR Archives "The Design and Construction of the NCAR Mesa Laboratory" (Location).

[13] NCAR Archives "The Design and Construction of the NCAR Mesa Laboratory" (Selecting Architect).

[14] Interviewed with Mary L. Wolff and Edwin L. Wolff by Shirley Steele, Maria Rogers Oral History collection-the Carnegie Library for Local History.

[15] Kimbro Frutiger, "CALCULATED RISK: I. M. Pei's Everson Museum of Art", DoCoMoMo_US, NY/Tri-State.

[16] Jennifer Cooley (Museum Education Manager, Des Moines Art Center), *Educator's Guide-Everything but the Art: Brief Descriptions of the Des Moines Art Center, Architects, Acquisition Process, and Jobs Created Summer 2011*, pp.2-4.

[17] Paula Deitz, "The form simply came naturally: I. M. Pei Interview", *Architect's Journal*, February 4, 2010.

[18] 同注17。

第六章

晶莹空间
贝聿铭的现代玻璃构筑

李瑞钰

现代建筑的探索与玻璃的运用

在哈佛大学读研究生时，贝聿铭受教于格罗皮乌斯与布劳耶，但他对密斯建筑的现代性与精巧的细部特别感兴趣，贝聿铭认为密斯的设计理念极具时代前瞻性。他的硕士论文以上海中国艺术博物馆为主题，试图在设计中摒弃中国传统建筑的装饰元素，改以运用白墙和玻璃围绕而成的园林庭院来诠释新时代的中国建筑。1948年，《前卫建筑》杂志刊登了这一作品，格罗皮乌斯特别指出，教授团对该方案赞誉有加："贝聿铭的设计诠释了现代性的中国建筑的新方式，其成果足以达到纪念性的永恒价值"[1]。这一探索问题、寻求现代性建筑手法来解决问题的模式，在贝聿铭后来的设计中都有所体现。毕业后，贝聿铭本想立即返回中国，但因时局不明而作罢。他留在哈佛大学担任助理教授，希望教书可以给他弹性的时间，等待适当的时机以返回中国。1948年，在纽约地产开发商齐肯多夫与他见面后，父亲建议他留在美国工作，贝聿铭与妻子商议后决定移居纽约，到齐肯多夫的威奈公司担任建筑部设计主任。在去威奈地产公司之前，他没有真正完成过一栋建筑。威奈公司的许多开发方案都在等着他主持，贝聿铭终于有机会展开他关于现代建筑的探索。

第一个玻璃建筑
——海湾石油公司办公大楼

第二次世界大战后，美国中西部与南部的经济发展迅速，市区对商业空间的需求与日俱增。齐肯多夫在佐治亚州亚特兰大有一些土地，1949年，他请贝聿铭设计办公楼方案，以便给海湾石油公司（Gulf Oil Company）协议承租，并询问贝聿铭能否用每平方米75.3美元的预算完成设计。当时美国低层办公楼都采用砌砖构造的外墙，以齐肯多夫给的预算几乎办不到。贝聿铭规划了一个两层楼的简单长方形（1：2比例）办公平面，计划采用现代构造，以预制钢构架外覆玻璃幕墙的形式彰显现代化办公楼的气质，并可借系统化组装快速兴建，减少人工成本，降低总造价。但经过初步估算，全玻璃外墙的造价仍超预算。贝聿铭注意到被用在许多办公大楼内厕所隔墙上的佐治亚大理石（Georgia Marble）加工厂就在基地附近，他找石材老板探讨了将当地大理石用在办公楼外墙的可能性，并协商以植入性营销的方式取得价格折扣，这项提议很快被接受。在外墙上局部使用大理石，减少了价格较贵的玻璃的使用面积，降低了造价。贝聿铭同时与钢构厂、玻璃制造厂和石材加工厂进行商议，讨论最具经济效益的跨度与尺寸，寻找最适合办公空间的设计模距。最终决定，以柱距5.5米（宽）×6.8米（高）的框架系统来设计钢构架，并将大理石切割成边长1.2米的正方形。经过规划，只花了两个星期就在现场完成了钢构架的组装[2]。玻璃与大理石从内部安装，再从外部填缝，

海湾石油公司办公大楼的玻璃幕墙（© Edgar Orr）

大理石的背面用隔热材料与塑板进行了封闭。这样的组装只需要爬梯即可完成，节省了搭设脚手架的费用，屋顶上再覆以大理石碎屑组成的隔热材料，降低空调的成本与运作费用。最终，该建筑的建造，只花了4个月的时间。

　　这栋玻璃办公楼采用了现代建筑的框架结构，虽然没有什么细部，离大师之作还差很远，但其建筑平面比例严谨，玻璃立面比例优美，石材的运用让这一钢构玻璃幕墙建筑带了些许暖调。该建筑展现出贝聿铭追随现代建筑理念的同时，也遵循古典美学的比例原则。完工后，海湾石油公司办公大楼立即成为当地最新颖且最有地方风格的建筑。最终造价控制在每平方米80.7美元（包含空调机电设备），稳住了贝聿铭在威奈公司的地位[3]。借着这栋现代化的玻璃办公楼，齐肯多夫向亚特兰大展示了自己对该地区地产投资的决心与用心。

实用玻璃度假小屋

　　1951年，贝聿铭在纽约州东北部的凯托纳（Katonah）为自己设计了一栋家庭度假小屋（Pei Residence），这是一栋现代化的玻璃小屋。密斯在伊利诺伊州刚完成的范斯沃斯住宅（Farnsworth House）和菲利普·约翰逊于1949年在康涅狄格州完成的玻璃屋（Glass House）都只供一人使用，且多半作为社交场所，而贝聿铭设计的这栋玻璃小屋是供他们夫妇二人与孩子使用的。由于经费非常有限，贝聿铭决定不采用钢构系统，改以胶合木作为梁柱材料来降低造价。度假小屋的平面布局是将冬天与夏天不同的使用需求合二为一。冬天使用的平面以1.8米为模数，并以1.2米×2.4米为模块，布置半开放的卧房（两间）、卫浴、厨房、餐厅与客厅。卧室与客厅、餐厅设置可推拉的墙（类似日本的和室），让空间可以自由开启或封闭。加了保温棉的隔间墙，辅以设置了地热的柚木地板，与客厅的壁炉共同提供冬季采暖。这 4 组设置有可推拉墙的空间分别向四侧延伸出一部分，成为 1.8 米 × 3.6 米的模块空间，空间外立面包覆落地玻璃窗，成为夏天的活动室。玻璃屋的设计采用中国木构架斗拱搭接的概念，将胶合木作为梁柱组件互相支撑，同时以出挑的方式延伸为建筑屋顶的覆盖面。整栋房子悬空于 2 米高的平台上，入口平台与屋前的大草地相连接。在玻璃小屋的入口旁，贝聿铭种植了一棵松树，其他区域为空旷的草地，这样即使在室内，居住者也能将四周的景色收入眼底。

　　依照设计尺寸定制的胶合木柱梁运至现场后，一天就完成了组装，再用约一周的时间完成屋顶，其他玻璃外墙与室内隔间用了一个多月的时间完成，剩下的室内纱窗与类似密斯的外框饰条，贝聿铭自己利用周末时间，逐步钉制，完成安装。

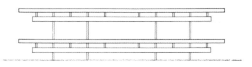

　　平屋顶的住宅在当时还不被认定为家庭住宅，无法取得房屋贷款，贝聿铭必须设法与银行沟通以缓解经济压力，还要在经费有限的情况下完成自己的小梦想。这栋看似平淡、不突出的度假小屋是贝聿铭的建筑试验品，贝聿铭在此首次尝试将东方同质的弹性平面与构筑，通过

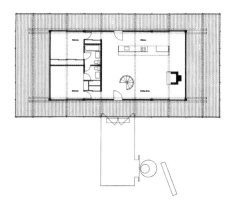

玻璃度假小屋的平面图与木构架示意图（© Pei Cobb Freed & Partners）

现代化的组构方式来完成，如今看来仍是非常灵巧的设计。贝聿铭后来说，他的玻璃度假小屋，受到老师布劳耶的影响远大于密斯[4]。

高层玻璃幕墙办公大楼的实践
——丹佛市里高中心

1950 年后，齐肯多夫在各地的开发项目变多，贝聿铭分身乏术，与齐肯多夫协议后，决定增加人手。他找了同是哈佛大学毕业的亨利·考伯与乌尔里奇·弗朗兹恩（Ulrich Franzen，1921—2012）加入。1952 年，丹佛的里高中心办公大楼计划终于确认，他请乌尔里奇·弗朗兹恩协助规划设计；两个街道远的丹佛法庭广场（Courthouse Plaza）与美迪夫百货商店的计划延迟至 1954 年才确认，他请亨利·考伯负责。亨利·考伯和贝聿铭一样喜爱密斯的建筑理念，后来成了贝聿铭事务所的创始合伙人。

齐肯多夫希望丹佛的里高中心能规划成丹佛最好的办公大楼，以利于他推展业务。贝聿铭与乌尔里奇·弗朗兹恩讨论后，决定规划一栋 23 层高的现代化玻璃幕墙办公大楼，以现代化的弧形薄壳建筑作为商场，两栋建筑以廊道连通，组合成商业综合体。同时，贝聿铭建议齐肯多夫让办公大楼保持单纯，不要依循惯例将商业空间设在一楼，这样可以让办公大楼的入口大厅非常大气，且更为独特。一楼商业空间的租金损失可以通过运用办公大楼的独特尊贵性将租金微调来弥补。齐肯多夫觉得这个想法能引领时代的潮流，同意了这一方案。水平带状玻璃窗结合 30 厘米宽的垂直固定窗，其间以垂直与水平交织的深灰色烤漆铝板，辅以水平带状的米色搪瓷板与水平空调进气口，形成多层次的玻璃幕墙，使办公大楼的外观看上去像是立体派的几何图案。这栋办公大楼于 1956 年完工，是丹佛当时最高的建筑物，因极具现代性的外观与独特的一楼大厅，办公大楼的租金倍增，成为丹佛最高级的办公场所[5]。这是贝聿铭第一次设计高层办公大楼，他以最经济的造价突破传统的现代化设计，运用不同材料的组合与优美的比例分割，使建筑取得了最佳效益，使齐肯多夫更加兴致勃勃地到各地寻找合适的投资。

1959 年，里高中心获得美国建筑师协会佳作奖（Award of Merit），并于 1995 年获得美国建筑师协会科罗拉多州分会二十五年奖。

丹佛里高中心的玻璃幕墙（© Ezra Stoller）

大跨度全透明玻璃航站楼
——美国国家航空公司航站楼

在设计了许多房地产项目后，贝聿铭有感于其限制，便想独立出来做一些可以自由发挥的项目。在得到齐肯多夫的同意后，贝聿铭于 1955 年成立了自己的事务所，除了继续完成齐肯多夫的房地产项目，也参加一些公开竞赛，希望能逐渐摆脱别人眼中房地产建筑师的形象。1960 年8 月，贝聿铭在纽约州及新泽西州港务局的邀请竞赛中击败了另外 4 位纽约建筑师，赢得了一座美国国内航线航站楼的设计权，该航站楼的基地正好位于环球航空公司（TWA）航站楼的旁边（由芬兰籍建筑师沙里宁设计，形似飞鸟的航站楼）。由于当时航空事业发展太快，导致飞机载客率不稳定，纽约州及新泽西州港务局决定暂停新航站的扩充计划。此时，美国国家航空公司（National Airlines）正处于扩张阶段，便决定接手原设计方案，向港务局承租这块土地，并请贝聿铭调整原来的设计以适应较小规模的需求。鉴于先前的机场设计者在规划时未能察觉旅客数量增长对地面交通造成的压力，使航站楼完工不久即造成地面交通拥塞，贝聿铭事务所在调整设计时，一直试图改善出发旅客与到达旅客的地面交通拥塞问题。在审视与思考之后，贝聿铭以简单的示意图，将机场出发区与到达区的交通动线分开[6]，并提议先完成出发楼的设计与兴建。旅客到达出发楼后，可从其前后两侧下车，进入透明的出发大厅办理登机手续，再经由电扶梯进入二楼等候区，最后通过廊桥抵达登机门。旅客从外地到达纽约机场，则利用邻近航站楼的登机口或是经由地面转运车，前往行李提取处，取完行李后离开。这样将出发旅客与到达旅客进行分流，明显地区划出地面层的建筑功能，也解决了出发旅客与到达旅客在同一时段内的交通问题。这样的规划，可以让航空公司尽快启用新航站楼的出发楼，同时扩建到达楼，满足分期、分区的使用要求。

美国国家航空公司航站楼夜景（© Gil Amiaga）

为了让旅客拥有清晰的出行体验，贝聿铭设计的出发楼以连续的透明玻璃外墙围绕大厅，以一系列混凝土柱上架设 54 米 ×114 米的大跨度钢桁架作为主体结构。圆形混凝土柱与超大的屋顶钢桁架之间，以直径 53 厘米的不锈钢圆球搭接，球内有真正的钢结构连接，不锈钢球只是为了取得视觉上的张力。悬挑的屋顶钢桁架外覆有金属板，透明玻璃外墙围塑出 30 米 ×102 米无室内柱的出发大厅。这栋钢桁架大跨度建筑，初看极像同时期以大跨度钢构设计的柏林新国家艺术画廊（密斯作品），但贝聿铭以 3 米 ×6 米小跨度的混凝土柱梁围绕着低层玻璃幕墙，梁上架设着每片 2 米宽、6 米高的透明玻璃单元，悬挂在屋顶桁架的支架下，单元之间以结构玻璃做支撑件来抵抗侧向风力。这样全透明的玻璃外墙支撑构造，在当时是前所未有的设计。全玻璃构造的外观，能让出发楼的旅客毫无遮挡地向外看，进而获得清晰、流畅的登机体验。

航站楼完工后，获得了 1970 年混凝土工业协会奖与 1972 年纽约市俱乐部阿尔伯特·巴德奖。在美国国家航空公司破产后，航站楼改由环球航空公司（TWA）接手。2001 年，环球航空公司宣告破产，该航站楼又由 JetBlue 航空公司继续使用到了 2008 年。航空事业飞速发展，随着航空安全管制标准的提高，纽约州及新泽西州港务局于 2011 年 10 月拆除了这栋航站楼。贝考弗及合伙人事务所的建筑师亨利·考伯曾参与该航站楼的设计，他对航站楼的拆除感到无奈。亨利·考伯认为，这栋大气、优雅、透明、精致的航站楼，在安检压力日益增加的当下，仍是肯尼迪国际机场里唯一让人感觉放松的航站楼[7]。

超大玻璃盒子的沉思
——肯尼迪图书馆

肯尼迪图书馆在肯尼迪总统还在世时就已经选定了基地的位置，希望最终能并入哈佛大学校园内，1964 年，肯尼迪在达拉斯被暗杀，美国举国哀悼。人们纷纷捐款，期望通过总统图书馆来表达全国民众对这位年轻且具有传奇色彩的总统的思念。遴选建筑师的过程更是奇特。图书馆筹建委员会邀请了全球知名的建筑师，包括密斯、路易斯·康、菲利普·约翰逊、保罗·鲁道夫、丹下健三、阿尔瓦·阿尔托等（共 17 位），聚集在哈佛大学旁的基地上，现场参访，讨论图书馆的需求。第二天上午，在位于马萨诸塞州东北部鳕鱼角（Cape Cod）的肯尼迪度假别墅中，每

肯尼迪图书馆（© Thorney Lieberman）

位建筑师被要求匿名写下他们认为最适合的人选，交给筹建委员会，再由委员会从这些推荐名单里挑出得票最高的前6位建筑师做第二轮访谈。虽然在大师群集的场合，贝聿铭并不是很显眼，但是在第二轮建筑师名单内有他的名字。第二轮访谈，是由肯尼迪夫人亲自拜访每一位候选建筑师。肯尼迪夫人先去拜访了密斯与路易斯·康，但与他们的互动并不是很理想。数周后，肯尼迪夫人造访贝聿铭的办公室，那素雅简单的装饰，与特别为她准备的红色玫瑰花，立即吸引了夫人的注意[8]。看了贝聿铭的作品后（包括美国国家大气研究中心与基普斯湾广场公共住宅），肯尼迪夫人觉得贝聿铭追求完美的个性和面对不同设计问题的弹性解决方式，与其他建筑大师完全不同，加上贝聿铭与肯尼迪同一年出生，让她觉得贝聿铭的态度很像肯尼迪总统。肯尼迪夫人认为贝聿铭最好的作品尚未产生，让这位年轻的建筑师来设计总统图书馆应该能符合肯尼迪的心愿。在肯尼迪夫人离开贝聿铭的办公室时，陪同她的委员们就已经感觉出她已选定了最适合的建筑师。1964年12月13日，筹建委员会正式宣布由贝聿铭担任肯尼迪图书馆的建筑师，这使得贝聿铭立即成为美国国内家喻户晓的风云人物，就连报纸和杂志上的字谜游戏也开始引用他的名字。

　　然而，对贝聿铭来说，真正的挑战才刚刚开始。随后，他花了近一年的时间与肯尼迪家族讨论规划内容与基地范围。第一个方案将文献图书中心与哈佛大学政府学院相互围绕，由平行三角锥玻璃盒组成肯尼迪纪念博物馆，肯尼迪夫人很快就首肯了该计划。1966年，马萨诸塞州州长与海湾交通管理局签署购地协议，期望交通管理局将其地上设施早日迁移，以使总统图书馆尽快动工，希望能于1970年完成开幕。但交通管理局表示地上设施的迁移得延迟至1970年才能完成，这让计划开始拖延，加上美国参与越南战争，爆发了反战与人权运动，当初对肯尼迪总统的思念情怀突然转变，剑桥地区居民开始担心图书馆会带来大量游客，造成区域交通问题，破坏原有的平静。哈佛大学对于将总统图书馆并入校园缺乏兴趣，学校想要有独立的环境，不希望图书馆影响校园的宁静氛围。
1968 年罗伯特·肯尼迪被暗杀，肯尼迪夫人于当年年底改嫁，贝聿铭突
然发现这个项目已经没有了业主方代表。虽然肯尼迪的文件档案自 1969
年 10 月起由联邦政府成立组织，开始进行系统整理，但是总统图书馆项
目遭到了持续的抗议，没有肯尼迪家族的带领，进展暂时停顿。

后来，肯尼迪的妹夫史蒂芬·史密斯（Stephen E. Smith）接掌了肯
尼迪图书馆的筹建基金会，那时大家觉得这计划已拖延太久，当务之急是
赶快想办法把图书馆盖起来。史蒂芬·史密斯于 1975 年 2 月宣布将肯尼
迪图书馆的位置迁至马萨诸塞大学（University of Massachusetts）旁的
哥伦比亚角（Columbia Point），基地是面积约 3.8 公顷的废弃垃圾掩埋
场，新基地是马萨诸塞大学提供的。然而，多年来反复地更改设计，相继
失去肯尼迪家族的精神联系与关怀，贝聿铭已不复当初的热情。事务所的
设计师多次更换，只剩下泰德·木休（Theodore J. Musho）仍然在坚持，
把控着整体设计。换地计划已经让贝聿铭失去热忱，史蒂芬·史密斯找了
建筑师休·斯塔宾斯（Hugh Stubbins，1912—2006）提出替代方案，他
很有技巧地征询贝聿铭的意见，贝聿铭无奈，只好重新启动设计团队。

经过新的规划，基地必须将原来地上的掩埋垃圾挖除，再覆以植生
土作为日后种植绿化植物之用，图书馆的基地需要垫高，以便让大的区
域排水管道可以通过。这些先期的场地与绿化措施和建筑细部设计同时
进行。由于拖延太久，通货膨胀使当初捐献的基金已不足以支付原来的
面积与建材设计，新的图书馆规划将文献研究中心放置于一栋 9 层楼高
的三角形混凝土建筑中，以节省经费。三角形的文献研究中心夹着 33 米
高的方形（24 米 ×24 米）灰色玻璃沉思大厅，大厅面向大海，遥望波士
顿市区。图书馆的地面层与二层规划了两个视频演讲厅与文物展览博物
馆。入口外的参观者被缓缓引导至两层高的圆形视频演讲厅，观赏讲述

肯尼迪生前事迹的影片，然后到一楼的文物展览馆，观看肯尼迪生前留下的文物与纪录，再从灰暗的展示区进入开阔明亮的玻璃沉思大厅。挑高的玻璃大空间只悬挂了一幅巨型美国国旗，让参观者能在这个空间中静思，感受肯尼迪生前对美国的贡献；同时远眺波士顿市区与一旁肯尼迪曾使用过的帆船，缅怀肯尼迪曾留在波士顿的生活记忆[9]。这巨大空旷的玻璃大厅运用自我支撑的构架系统，结合玻璃架设起来。贝聿铭的设计团队在研究后决定，以空间桁架织成这一方形玻璃盒，好让参观者在沉思大厅中眺望时，不会觉得支撑结构太粗壮。受经费所限，贝聿铭勉强接受了这个构架方案。

历经了 15 年的沧桑，肯尼迪图书馆终于在 1979 年 10 月 20 日完工启用，此时美国国家美术馆东馆已经启用了 1 年 4 个月，媒体对肯尼迪图书馆的完工没有进行太多的宣扬。人们到图书馆看完影片，驻足在沉思大厅时，仿佛历史的风风雨雨，已归于平静。图书馆开幕后获得了建筑评论家的持平之论，在技术上获得 1980 年美国预应力混凝土协会奖，又在 1986 年获得了波士顿适应性环境中心（Adaptive Environment Center）的最佳可实现环境成就奖，但这些奖项都难掩贝聿铭对该项目

贝聿铭审视沉思大厅的空间桁架模型（© Pei Cobb Freed & Partners）

肯尼迪图书馆沉思大厅
（© Thorney Lieberman）

的失望。这一项目本来可以让贝聿铭好好发挥，却因剑桥地区与校方的牵制、肯尼迪家族的无常变化、通货膨胀导致经费缩水，最后只能完成原计划建筑面积的 2/3，原本与肯尼迪一样的年轻与热情在这一项目上已消失殆尽。贝聿铭很感谢事务所建筑师泰德·木休的长期坚持，让原来的精神与理念不致失散[10]。

工艺精湛的超大三角玻璃天窗艺术中庭
——美国国家美术馆东馆

位于美国首都华盛顿特区华盛顿大道上的美国国家美术馆，是依据 1936 年匹兹堡银行家安德鲁·梅隆（Andrew Mellon）与罗斯福总统的协议，由安德鲁·梅隆出资兴建，同时将其个人艺术收藏一并捐献给美国政府，并将美术馆交由独立的基金会管理。罗斯福总统拨出邻近国会大厦与宾夕法尼亚大道的一块场地作为美术馆基地，安德鲁·梅隆聘请受过巴黎美术学院学院派艺术训练（Beaux-Art）且在罗马美国学院研习古典建筑的约翰·波普（John Russell Pope，1874—1937），设计了一栋保守的新古典建筑。这栋建筑于 1941 年完工并启用，当时，安德鲁·梅隆与约翰·波普都已过世。由于美术馆并没有以安德鲁·梅隆个人的名字命名，在其后 20 年间，美术馆的藏品由原来的 133 件增加到近 3 万件。战后美国现代艺术的创作非常蓬勃，为了区别于传统艺术的收藏，国家美术馆需要扩建新馆作为现代艺术品的收藏展示空间，但美术馆旁原本用来扩建的土地已被盖成网球场。美术馆总监约翰·沃克（John Walker，1906—1995）请安德鲁·梅隆的儿子保罗·梅隆到现场查看，约翰·沃克建议尽快扩建，以免现有的扩建用地又被移作他用，保罗·梅隆同意后捐出了 1000 万美元作为扩建基金。约翰·沃克又找了保罗·梅隆的姐姐，她也同意捐出 1000 万美元。有了 2000 万美元的扩建基金后，沃克便将该扩建计划交给了继任的卡特·布朗[11]。

卡特·布朗认为现代化的美术馆不应仅供贵族欣赏艺术，而应让平民大众也能欣赏到艺术品，新扩建的美术馆必须能吸引更多民众进馆，进而带动人们对原有国家美术馆的参访兴趣。另外，卡特·布朗认为新的建筑本身应该像现代艺术品，除了能自成一格，还要能融入基地旁的古典建筑群。

扩建工程的首要任务是遴选认同这一理念的建筑师。1967 年，卡特·布朗准备了包含 12 位建筑师的名单，连同他们的作品，一并送到董事会讨论。这份建筑师名单很快就缩减成 4 位，分别是路易斯·康、菲利普·约翰逊、凯文·罗奇与贝聿铭。贝聿铭虽然因肯尼迪图书馆名声大噪，但除此之外，他只有两个尚未完工的项目——雪城埃佛森美术馆和得梅因艺术中心的扩建。路易斯·康则刚完成被称为"大师之作"的沃斯堡

美国国家美术馆东馆（© Pei Cobb Freed & Partners）

金贝尔美术馆（Kimbell Art Museum，Fort Worth），还有一座正在纽黑文兴建的耶鲁大学英国艺术中心（Yale Center for British Arts，New Haven）。耶鲁大学英国艺术中心是以展示保罗·梅隆个人捐献的艺术品为主的美术馆，许多建筑评论家都高度看好路易斯·康，认为他会获得美国国家美术馆扩建的设计权。依照遴选流程，卡特·布朗与保罗·梅隆参访了每位建筑师的作品，他俩很快就将建筑师遴选的注意力集中在路易斯·康与贝聿铭两位身上。

　　路易斯·康的建筑看似现代，实则遵循古典秩序，质量精良细致，空间条理分明，让人敬畏推崇，但并不平易近人。康习惯自说自话，他的费城事务所看起来像没怎么整理过，这让保罗·梅隆与卡特·布朗感到跟路易斯·康相处时很不自在。他们前往位于纽约麦迪逊大道的贝聿铭办公室参观，立即感受到贝聿铭办公室的亲切氛围。在雪城参访埃佛森美术馆时，他们看到 4 个高低不同的体量围塑成挑空的中庭，外观看起来像是雕塑品，进入中庭的过程令人感到愉悦。参访得梅因艺术中心扩建项目时，他们对贝聿铭将艺术中心的扩建部分与埃里尔·沙里宁的第一期建筑相配合的巧妙与含蓄印象深刻。从原艺术中心的入口处看不到扩建部分，进入艺术中心，原建筑与新增建筑围塑出的中庭水池，让扩建部分自成一格，显现出现代主义的雕塑体量。看完这两栋小巧但很精致的美术馆，保罗·梅隆与卡特·布朗对贝聿铭有了信心，但仍然不是很笃定。他们又来到科罗拉多州博尔德市的美国国家大气研究中心，看到由一系列现代造型的、高低不同的建筑群体所组成的研究中心，很自然地融入到了气势磅礴的落基山脉里。中午，大家在岩石桌边吃着三明治，保罗·梅隆与卡特·布朗意识到，最适合的建筑师已经出现[12]。当卡特·布朗安排贝聿铭与保罗·梅隆正式见面时，经历过肯尼迪图书馆遴选过程的贝聿铭，已经能很容易地跟保罗·梅隆这样不太说话但具有贵族气质的人聊天了。贝聿铭热爱现代艺术，在聊到美术馆的扩建计划时，能与卡特·布朗侃侃而谈。这样的见面让贝聿铭找到了最谈得来的业主和愿意成就荣耀的捐款者，让他可以把自己最擅长的美术馆设计才华发挥出来。

当初，安德鲁·梅隆在项目策划时，就预先取得了美术馆东馆的基地，在后期进行建筑设计时，城市规划给了这块基地很多限制。首先，面对华盛顿大道的建筑高度与面对宾夕法尼亚大道的建筑高度不同；其次，建筑物面对两条大道的退缩面不同；再者，两条大道在交接处形成的 19.5° 锐角与华盛顿方正规矩的建筑形式格格不入。但在贝聿铭眼里，这却是一个设计的突破点。由于新增的现代美术馆主要展示 20 世纪中期的现代艺术藏品，所以大家都一致认可，新增美术馆的外观必须是现代建筑，且能自成艺术品，同时也要与原国家美术馆的古典建筑和谐共存。在从华盛顿回纽约的飞机上，贝聿铭画了初步概念图，他将原国家美术馆的横轴线中心平移至新的基地，再沿着中心轴线，利用宾夕法尼亚大道的斜线勾勒出等腰三角形，对应原国家美术馆的中轴线，这样就建立了原美术馆与新增美术馆之间的延伸关系。华盛顿大道的建筑退缩线与原等腰三角形的边线形成 19.5° 的锐角，这样的草图关系，让他发现等腰三角形部分可以作为新增美术馆，沿着华盛顿大道的直角三角形部分可以作为现代艺术文献研发与行政中心[13]。这两个区块概念形成后，他让威廉·佩特森（William Pedersen，1938—）负责方案的具体设计与深化。从麻省理工学院取得硕士学位的威廉·佩特森申请罗马大奖时，得到了当时担任评审委员的贝聿铭的赏识与推荐，于 1966 年在罗马研习了一年建筑，1967 年回到美国就被贝聿铭找去，协助这一重要的项目。

新的美术馆要展示现代艺术作品，希望让民众——尤其是亲子能共同观赏，这就需要在美术馆的空间中规划比较大的公共空间。等腰三角形的美术馆，让贝聿铭有机会在中庭探索多角度的视点游走，这一思维可以追溯到贝聿铭小时候在叔爷家苏州狮子林中玩耍的体验。苏州园林的设计，是以移动的、不同高度的视点转换为核心来安排建筑与景观元素。1964年，贝聿铭在德国参访巴洛克式教堂，对多视点的空间体验印象非常深刻，所以在美国国家美术馆东馆的设计期间，他不断地从不同角度观察模型，提出修改意见；等同事们修改完模型后，他便探入模型中观看，再提出修改意见。方案设计师威廉·佩特森于事后回想那时的场景，觉得贝聿铭似是胸有成竹一般，每天钻在模型里，寻找与确认他所期望的视觉体验[14]。

贝聿铭观察美国国家美术馆东馆的中庭模型（© Dorothy Alexander）

为了弄清楚中庭的设计，贝聿铭找了建筑透视画家保罗·欧里（Paul Stevenson Oles）绘制不同屋顶方案的效果图，从中探索屋顶采光罩的形式。由于业主给予了充分的设计时间，原来是混凝土藻井顶盖设计的中庭上空，花了近9个月的时间探索，才确认改为特殊桁架采光罩[15]。负责掌控这一项目的合伙人莱纳德·杰克伯森（Leonard Jacobson，1921—1992）很头大，因为工程总预算是固定的，要将中庭屋顶更改为玻璃采光罩，势必会挤压其他工项的费用。另外，事务所在设计上耗费的漫长工时，是无法向业主申报的[16]。但这些都无法阻止贝聿铭精益求精、以期获得最好作品的决心。

保罗·欧里绘制的覆盖混凝土三角形藻井的中庭效果图(© National Gallery of Art)

保罗·欧里绘制的覆以玻璃空间桁架的中庭效果图(© National Gallery of Art)

保罗·欧里绘制的覆以大型玻璃空间桁架,同时辅以哑光铝管过滤光线的中庭效果图(© National Gallery of Art)

　　将中庭改成采光罩，首先要设计采光罩的支撑构架。现有的空间桁架系统，曾在肯尼迪图书馆的玻璃盒子上运用过，因面积不大，整体效果尚可。但国家美术馆的中庭空间很大，空间桁架系统受限于杆件长度，组合后的采光罩被密密麻麻的杆件遮蔽，影响了空间的明亮度。由于当时没有类似的大跨度空间支撑系统可以使用，事务所决定自行开发建造与造型相对应的等腰三角形采光罩支撑系统。采光天窗的设计由事务所的雅恩·韦茅斯（Yann Weymouth）负责。依照建筑物的关系，事务所开发出 9 米 ×13.5 米的桁架结构单元，相互结合构造出 45 米 ×67.5 米的超级大采光罩[17]。构架总重量达 450 吨，玻璃部分是双层强化镀膜玻璃，中间夹有抗紫外线膜。每个偏心三角锥天窗安置一系列的哑光铝管，直射的阳光透过哑光铝管漫射形成非常柔和的光源，美术馆中庭通过对光线的处理，让空间与光线的关系变得非常诗意化。

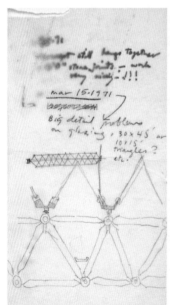

改良式空间桁架草图（© National Gallery of Art）

安装中的空间桁架（© Stewart Brothers Photograph, National Gallery of Art）

中庭采光罩细部（© Robert Lautman Photography, National Building Museum）

　　贝聿铭希望扩建的美术馆东馆由一系列小的展示空间组合而成，并且可以围塑中庭[18]，不论艺术品摆设还是光线质量，都希望让人们在进入美术馆后感受到高度艺术化的空间，可以在不同的视点体验空间的流动性。为了强化中庭空间的流动性，贝聿铭说服卡特·布朗，在中庭上方悬吊亚历山大·考尔德（Alexander Calder, 1898—1976）的活动雕塑，利用中庭旁的空调出风口吹向雕塑，使其可以转动。由于采光天窗花费不赀，原本希望沿用旧国家美术馆的田纳西大理石（Tennessee Marble）来叠砌外墙，只能改用吊挂75厘米厚的石材与0.3厘米的缝隙外墙系统，改良的石片吊挂系统可以避免太长的连续石材表面所需的伸缩缝。19.5°的尖角石材墙，经过特别设计以确保尖角不龟裂。这样精益求精的设计使得工程不断延误，工程费不断高涨。董事会为此采取了许多的措施，如设计材料变更等，以节省费用，同时要求贝聿铭的设计费不按工程费比例计算，而是以固定金额计费。出资者保罗·梅隆则持续寻找家族的财务支持，以期完成这一项目。

　　美国国家美术馆东馆于1978年6月1日开幕，由卡特总统进行开幕

美国国家美术馆西馆与东馆鸟瞰（© Dennis Brack/Black Star. National Gallery of Art）

剪彩，开幕后 7 周吸引了上百万造访者，人们进入宽大亮丽的中庭，观看悬吊在空中不断转动的雕塑，再进入小展厅观赏现代艺术品的展示。美国国家美术馆东馆成了美国现代艺术的代表，贝聿铭一夕之间成了政界与艺术界的名人，这栋国家美术馆总共花费了 9940 万美元，是当时全美最昂贵的建筑物。保罗·梅隆对这尖锐却很现代的建筑、张力十足的采光中庭非常满意，他认为他这辈子最重要成就就是资助了这一传世之作，传承了他父亲的遗志。

这栋建筑获得了美国石材学会 1979 年奖，美国建筑师协会 1981 年荣誉奖，1986 年美国十大最佳建筑奖与 2004 年美国建筑师协会二十五年奖。贝聿铭借由美国国家美术馆东馆的设计，为日后参与巴黎卢浮宫的扩建埋下了伏笔。以游移视点观看建筑内外的研究，让贝聿铭有能力将这一概念用在圆弧形的建筑设计上，莫顿·梅尔森交响乐中心的设计为贝聿铭提供了机会。

游移变换的变形曲面玻璃大厅
——莫顿·梅尔森交响乐中心

1967 年，贝聿铭设计了得克萨斯州达拉斯市的新市政厅，以振兴这座因肯尼迪被暗杀而背负了恶名的城市。因费用不断增加，这座现代化的、纪念性很强的市政厅直到 1977 年才完工。不久，达拉斯市规划艺术特区，1979 年，市政府拨款建造了艺术特区内的现代美术馆。这一美国新兴的南方城市，聘请了交响乐指挥家爱德华·马塔（Eduard Mata），急需一座新的音乐厅来推展当地的文化艺术。音乐厅筹建委员会由市政府与交响乐董事会的成员组成，他们从 27 位有意愿的建筑师中挑出了 6 位进行意见征询，结果这 6 位建筑师没有一人获得半数以上委员的认同。

莫顿·梅尔森交响乐中心变形曲面玻璃外观（© Thorney Lieberman）

由于在建造达拉斯市政厅时，贝聿铭坚持自己的设计，与达拉斯市政府关系不佳，贝聿铭认为市政府不可能再给他另一项庞大的市政公共工程，所以在初期征询时，没有表示意愿。在6位建筑师都没有通过意见征询后，筹建委员会主席斯坦利·马库斯（Stanley Marcus）试探性地咨询贝聿铭，看他是否有兴趣设计音乐厅。贝聿铭很坦白地告诉马库斯，他从来没有设计过音乐厅。为了让音乐厅成为世界一流的演奏场馆，以吸引世界级的乐团来达拉斯演奏，筹建委员会同时咨询了音响专家罗素·约翰逊（Russell Johnson，1823—2007），请他负责音乐厅的音响设计，并允许他直接面报筹备委员会，罗素·约翰逊很快就同意了该工作。由于建筑师的遴选不理想，斯坦利·马库斯再度找上贝聿铭，请贝聿铭来达拉斯与筹建委员们见面。这次贝聿铭表示，他喜欢古典乐，但对音乐厅所知不多，如果有机会，绝对愿意在有生之年完成一座伟大的音乐厅。当时贝聿铭已经64岁，他的决心与其在美国国家美术馆东馆完成后的知名度，让所有筹建委员毫不犹豫地选择了他。而当时的贝聿铭并不知道音响专家罗素·约翰逊早于他被聘用，他得与约翰逊共同完成这座现代化的音乐厅。

罗素·约翰逊在耶鲁大学取得建筑学学士学位（1951）后，于1954年进入剧院音响顾问公司，1970年成立了自己的顾问公司。罗素·约翰逊花了很长时间研究交响音乐厅的发展历史。他认为：拥有最好音响的音乐厅所容纳的观众人数在2000人左右，其形态是像鞋盒般的长方形，最好的范例是维也纳金色大厅（Musikverein）、阿姆斯特丹的皇家管弦乐大厅（Amsterdam Royal Concertgebouw Hall）与波士顿的交响乐大厅（Boston Symphony Hall）[19]。对于莫顿·梅尔森交响乐中心的设计，他坚持容纳的人数与鞋盒的样式不可改变，而贝聿铭则认为现代音乐厅的形式可以更加多元化，约翰逊在音乐厅形式与设计上的执着让贝聿铭一筹莫展。达拉斯音乐厅筹备委员会一方面希望贝聿铭能赋予音乐厅全新的面貌，以代表达拉斯的朝气与活力，另一方面担心新形式的音乐厅会让音响效果打折扣。考虑到要邀请世界顶级交响乐团来此演奏，音乐厅的音响效果决不能出错，筹备委员会保守地采用了罗素·约翰逊的建议。至此，贝聿铭决定将盒形音乐厅交由事务所内的查尔斯·杨处理，自己则专注于音乐厅外的公共空间，以应对艺术特区的城市设计要求。

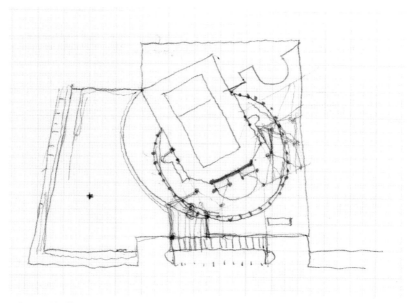

悬空圆弧形廊道与眼球型玻璃采光罩位置草图（© Pei Cobb Freed & Partners）

在罗素·约翰逊把音乐厅的尺寸确定后，受限于基地的深度，贝聿铭将鞋盒形的演奏厅扭转了约30°，将后台区等服务空间安排于演奏台后面，以方便工作人员与音乐家在演奏前进出。听众入口区则安排了临近达拉斯艺术特区的专用行人徒步区，以鼓励非夏日时，达拉斯市民经由行人徒步区进入音乐厅。音乐厅的西侧设置简餐区，简餐区面对户外花园，让人们从徒步区有足够的距离观看音乐厅的圆锥变形玻璃体外观。最重要的行人入口大厅设在地下一层的停车场中，以适应得克萨斯州居民习惯开车出行、避开户外炎热气候的习性。人们从入口大厅进入音乐厅,再被超大的楼梯导引至演奏厅。音乐会中场休息时,需要有足够的空间让人们驻足与社交,基于先前在美国国家美术馆东馆设计挑空中庭、营造多视点观看空间的经验,贝聿铭决定,围着观众席后方出入口设置宽阔的圆弧形挑空廊道,创造出视点不断移动的空间。廊道上方为三面圆锥切面的玻璃采光罩,下方为弧形梁固定的 3 个眼球形玻璃采光罩,弧形梁与弧形廊道的高度之间再以大面积偏心圆锥面的玻璃采光罩围绕,形成戏剧性的弧面玻璃幕墙。该部分经由贝聿铭与结构顾问莱斯利·罗伯森(Leslie Roberson,1928—2021)讨论,在弧形梁两端增加了拉力钢构件,以确保结构的稳定[20]。

　　所有的采光罩与玻璃弧形墙都隔着哑光铝管,以丰富光线的质感,同时降低达拉斯酷热阳光的亮度。人们在演奏前与中场休息时,到弧形挑空廊道驻足,发现自己很容易被人注视。在廊道上走动时,映入眼帘的达拉斯市中心的天际线风景不断地变动,这动静相宜的大厅与弧形回廊,拉近了音乐厅与达拉斯市区的关系。虽然委员会认为曲面玻璃墙大大增加了造价,但同时也认为这样的空间很值得,他们很快同意了该构想。因受限于预算,贝聿铭提出砖造外墙的构筑方案,筹建委员会的富豪们则认为,音乐厅的外墙只有用石材,才能与新近完成的达拉斯美术馆的外观相匹配,他们决议募款将外墙改为石材。偏心圆锥面的玻璃幕墙由事务所的华裔建筑师陈国星(Perry Chin)负责,他用计算机绘制并分割出 211 片独一无二的单元玻璃面板,辅以支撑每一块玻璃的钢构桁架。钢构桁架作为龙骨垂直支撑着玻璃幕墙,顺着入口大厅环绕近 180°后,垂直龙骨缓缓倾斜至 30°角,随着倾斜角度的变化,每支钢构桁架的长度跟着增加。偏心圆锥面的玻璃幕墙强化了音乐厅内部的动态感与外部的戏剧性。

　　入口大厅的材料以冷色调的石材与玻璃为主,圆弧形的大厅与挑空

偏心圆锥面的玻璃采光罩下的简餐区（李瑞钰摄）

从圆弧廊道透过变形曲面玻璃墙远眺达拉斯市区（© Richard Payne）

回廊让空间显得非常柔和。音乐厅的座位总数为 2062 座，内部采用非常温暖的色调，庞大且昂贵的可升降音响吊板，辅以妥善的装修配合，让音乐厅的音响效果呈现出新时代的标准。由于市政府经费有限，筹建委员会展开了庞大的募款计划，得克萨斯州 EDS 公司的创办人罗斯·佩罗特（Rose Perot，1930—2019）捐出巨款并以 EDS 前总经理莫顿·梅尔森（Morton H. Meyerson，1938— ）的名字命名该交响乐中心，音乐厅则被命名为麦克德莫特音乐厅（McDermott Concert Hall），以纪念得克萨斯州仪器公司（Texas Instruments）的创办人尤金·麦克德莫特（Eugene McDermott，1899—1973）。

交响乐中心于 1989 年 9 月完工，于 1991 年获得美国建筑师协会年度荣誉奖，1994 年获得建筑石材协会年度塔克奖（Annual Tucker Award）。贝聿铭希望交响乐中心完工后能成为达拉斯市民的聚会场所，但难掩对音乐厅造型受限的失望。纽约时报评论家保罗·戈德伯格认为，贝聿铭在莫顿·梅尔森交响乐中心的设计成就，超越了美国国家美术馆东馆与巴黎卢浮宫的玻璃金字塔。曲面玻璃与几何形体的结合、将多重视点（引自巴洛克建筑）演化为流动视点的构思、运用现代建筑理念打造的外形，无一不在证明将形式与功能结合后，仍然可以创造出永恒的纪念性[21]。

莫顿·梅尔森交响乐中心以平均每年 325 场的演出、20 ~ 30 次的宴会以及 200 场的图像及影片拍摄活动，成为重要的市民活动地标[22]。

节节高升的三角锥玻璃大楼
——香港中银大厦

　　1978 年中国改革开放后，中国银行香港分行的外汇操作业务大幅增加。1982 年，随着业务持续扩展，中国银行决定建造一栋新的办公大楼。同时，中国政府意识到英国对香港的租期将满，收回香港势在必行，这栋新的办公大楼必须承载着中国金融业稳定前行、蓬勃发展的意图，好让香港人对即将到来的回归有足够的信心。因此，中国银行觉得必须要找一位足够了解东西方文化的建筑师，他们马上想到了贝聿铭。由于设计北京香山饭店时有些不愉快经历，中国银行担心如果直接联系贝聿铭可能会被拒绝。他们想到了贝聿铭的父亲贝祖贻，这位银行家曾担任过中国银行香港分行的经理(1918—1927)，也担任过中国银行的副总经理。中国银行的代表携同贝祖贻以前的朋友一起去纽约探望贝老先生，在表达了问候之意后，告知贝老先生中国银行香港分行即将兴建新的办公大楼，想咨询贝老先生是否可以邀请他的儿子来进行设计。贝祖贻百感交集，1949 年离开中国后，他便与家乡失去了联系；但贝聿铭是 1917 年出生，中国银行香港分行也恰好在那一年成立，如果能由儿子来设计，意义非凡。贝祖贻对来访的代表未置可否，但将此事转告给了贝聿铭。从父亲的言语中，贝聿铭发现父亲并没有直接要求他设计这栋建筑，但他可以感受到父亲的内心仍有一些期许[23]。不久，贝聿铭因另一个项目来到香港，与中国银行香港分行的行长见了一面，行长是海归人士，与贝聿铭沟通比较顺畅，他极力邀请贝聿铭设计新的办公大楼，唯一的限制是要以 10 亿港币完成约 13 万平方米总楼地板面积的建设。当时的中国较为贫穷，所以建设经费是固定的，无法因物价或设计条件的变更而增加。另外，大楼需要遵守当地的建筑法规，并接受每年的台风考验。

综合考虑了设计条件和这栋大楼在香港的象征意义，贝聿铭最终决定接受这一预算固定的设计挑战。

　　1956 年完成丹佛里高中心的设计后，贝聿铭便没有再亲自设计过办公大楼，引起很大争议的波士顿汉考克大厦是由事务所合伙人亨利·考伯设计的，其他如加拿大皇家银行与得克萨斯州商业银行大楼，则是由合伙人协助完成的。时过多年，他需要重新思考办公大楼的设计方向。这块基地早在规划前就已经买好了，地形起伏，高差达到 9 米，基地形状不完整，三面有高架道路绕过，让人们不易亲近，但因不在香港启德机场的飞机航道上，所以能够兴建超高层大楼。依照香港建筑法规的要求，大楼的结构必须能满足每年台风的抗风系数，该系数是纽约地区抗风系数的 2 倍，而香港的抗震系数是洛杉矶抗震系数的 4 倍。传统商业办公大楼的设计均以最大使用效益来规划平面，结构系统则按平面的框

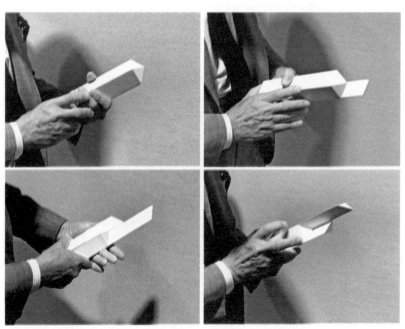

贝聿铭以等腰三角形棱柱体演示步步高升的意象（© Pei Cobb Freed & Partners）

架来构筑，再计算侧向风压力，辅以斜撑以抗衡台风。依照这种设计方法，会得出长条状的建筑造型，根本无法与两个街道外的香港汇丰银行总部相抗衡。由英国高技派建筑师诺曼·福斯特（Norman Foster，1935—）设计的香港汇丰银行总部，拥有令人过目不忘的外观和大跨度无内柱的优良结构。

贝聿铭想到，要在有限的预算下完成抗台风的大楼，必须从有效益的结构系统着手。在构造上，三角形是最稳定的结构。周末，他回到凯托纳的度假小屋，拿着 4 个三角形的木条并在一起把弄，贝聿铭的儿子贝礼中看在眼里，知道新的创意即将诞生。周一上班时，贝聿铭要贝礼中找模型制作工程师用木块制作 4 个等腰三角形的棱柱[24]，他用这 4 个棱柱形木块不断模拟，找到了最适合的比例关系：设定第一个棱柱高度为 X，第二个棱柱高度为 $2X$，第三个棱柱高度为 $3X$，最高的棱柱高度为 $5X$。视觉比例上感觉可行之后，贝聿铭还不能确定这样的结构是否能抵抗香港的台风，为此，他咨询了结构顾问罗伯森。早在美国国家美术馆东馆与莫顿·梅尔森交响乐中心的项目上，罗伯森就协助贝聿铭解决过结构设计上的问题。经过罗伯森的初步计算，以钢构与混凝土结合构筑，会使这栋建筑非常稳定，足以抵抗香港的强烈台风。

在确定结构可行之后，贝聿铭请贝礼中将模型放在基地上研究建筑配置。因香港炎热的气候与隔声需求，$5X$ 高度的办公楼采用银色反射玻璃外墙，作为银行大厅与客户服务中心区的建筑基座，则采用石材外墙。贝聿铭将建筑物放置在基地中央，留下左右两侧不规则形状的空地设置流水花园，水流自花园流向北方，让狭小紧密的香港中环有了一块难得的绿洲，同时，流水也象征着财源滚滚来。前广场的面积很小，贝聿铭在此设置了主入口，进入门厅后有电扶梯转折至二楼。建筑南面则是有雨篷的、供客户上下车用的入口，新建的行车道是向香港政府协商取得的，客户下车后，可以由南入口进入三层挑高的银行营业大厅。建筑的整体构想完成后，由贝礼中进行设计深化，并向中国银行展示项目简报。贝聿铭请模型公司制作了 4 个等比例高度的透明亚克力，简报时，贝礼中先阐释了基地的条件与限制，然后取出透明亚克力模型，由矮至高依序排列好，并向中国银行的代表解释说，即使在困难的状况下，中国银行也会像这座新的办公大楼一样，突破重重障碍，让事业节节高升。依序放置的透明亚克力模型和从文化传统中借鉴的美好寓意，让代表团非常欣喜，很快就通过了这一具有中国文化内涵，且外形独特足以抗衡香港汇丰银行总部的设计方案。

香港中银大厦完成后的外观（© Paul Warchol）

　　香港中银大厦的方案正式公布后，引起了很大的回响。有人认为大楼的 4 个角过于尖锐，像是一把刀刃刺向四方，且似有意对着香港汇丰银行的总部大楼；有人认为建筑外观上结构系统的斜撑构架呈现 X 形，这个形状是否定的意思，很不吉利[25]；还有人对屋顶上的两支巨型天线塔有意见，认为那像拜佛后插上的两根香。为了平息争议，中国银行代表仔细研究了立面，将每一节 X 形构架的横向框线取消，让外观上的结构框架线呈现出钻石的形状，并对外声明中银大厦的 4 个尖角没有正冲着任何周边建筑，而修改后的钻石外形象征着高贵与财富。至于屋顶上的两支天线，被解释为是 V 形的胜利手势。即便如此，关于中银大厦的争议仍不断出现在八卦杂志上。

这栋建筑共 70 层，其中第三层是两层高的银行营业厅，营业厅前的上方挑空 14 层，直通第 17 层，那是建筑开始斜面延伸的楼层，第 17 层为高级职员餐厅与招待所。18 层至 68 层是办公空间，平面依照结构系统模块进行退缩，第 69 层为机房层。名为"七重厅"的第 70 层是中银大厦的顶层，是一个有着 3 层楼高度的、偏心三角金字塔形的透明玻璃采光空间。透明玻璃天窗以哑光铝管来遮挡直射阳光，西晒区则辅以遮光帘，该层只用做董事会的宴会招待区。中国银行承租了大楼上 40% 的办公空间。

因为结构特殊，斜面玻璃与垂直面玻璃的清洗是很大的挑战。经过洗窗机厂商的研究，在每个角锥内缩开始的上一楼层，即第 18 层、第 31 层、第 44 层与第 69 层分别设置了洗窗机台房间，用以安置洗窗机台，清洁工人在操作时需要从特别设计的门窗进入。斜面玻璃区的边缘架设有轨道，用来搭设洗窗机台，这样的安排是幕墙清洁系统的创举。

1985 年 4 月 18 日，基地开始施工，建设进度极快，最初定于 1988 年 8 月 8 日完工，后来将这一日期改为了封顶日期。整栋办公大楼于 1989 年完工，但延后于 1990 年 5 月 17 日才正式启用。香港中银大厦是中国香港地区最高的办公大楼，高 315 米，含天线则高达 367.4 米。相对于 1987 年完工的 43 层的香港汇丰银行总部大楼（楼地板总面积 7.2 万平方米），贝聿铭只用了汇丰银行约 1/4 的造价，就完成了这座楼地板总面积 13 万平方米、高达 70 层的办公大楼。更特别的是其结构系统的设计，比传统钢构设计的用钢量节省了 15%。香港中银大厦于 1989 年获得美国工程顾问协会大奖，纽约州工程顾问协会最佳工程设计优异奖与美国伊利诺伊结构工程协会的最佳结构设计奖。香港建筑师协会于 1999 年颁予香港中银大厦香港十大最佳建筑的荣誉。

协助设计香港中银大厦的结构顾问罗伯森后来表示，他非常惊讶贝聿铭竟然会有结构设计的概念，能将建筑设计与结构系统合而为一进行

香港中银大厦第 70 层的全玻璃七重厅（© Paul Warchol）

思考，设计出来的结构系统效益很高。从建筑设计的概念来看，莫顿·梅尔森交响乐中心的前厅运用了移动视点的概念，香港中银大厦三角形棱柱状的玻璃大楼造型，会随着人们在都市里观看角度的不同，呈现出变化丰富的外观样式。如今，香港中银大厦仍然屹立在香港半岛，即便已不再是香港的最高建筑，但它仍然是香港的最佳地标。

集历史与现代工艺技术之大成
——巴黎卢浮宫玻璃金字塔

贝聿铭在 20 世纪 80 年代非常忙碌，他设计了莫顿·梅尔森交响乐中心、香港中银大厦，同时花了很多时间参与巴黎卢浮宫的扩建计划。在花了 4 个月的时间了解了巴黎卢浮宫的历史之后，贝聿铭才决定接受法国总统密特朗的邀请，挑战这一历史性的设计。他提出的地下连通方

玻璃金字塔大厅（李瑞钰摄）

卢浮宫玻璃金字塔

案获得了大多数人的同意，但是全透明的玻璃金字塔入口却遭到法国人尤其是巴黎人的嘲讽与反对。经过反复沟通，并在现场做了足尺放样的金字塔后，反对的声浪才逐渐平息。当巴黎人不再反对后，透明玻璃金字塔变成了法国人在结构和材料技术研发上的挑战。

玻璃金字塔构架系统的研究工作由雅恩·韦茅斯负责，他曾负责过美国国家美术馆东馆采光中庭的构架系统。雅恩·韦茅斯与法国工程师一起和所有有能力的厂商研究，期待能在全透明玻璃的制作工艺、玻璃幕墙的支撑工艺、钢构件不反光表面的处理工艺等技术上取得最大限度的突破。混凝土模板工艺的技术较为复杂，在雅恩·韦茅斯带领着法国的工程团队参观了美国国家美术馆东馆项目之后，也取得了很大的突破。

1989年，卢浮宫扩建工程完工后正式开放，玻璃金字塔的知名度使参观人数大增，人们除了可以在此欣赏"蒙娜丽莎的微笑"，还能在此感受玻璃金字塔带给拿破仑广场的全新魅力。流畅的内部动线、新增加

卢浮宫扩建工程第二期倒悬玻璃金字塔采光罩（© Luc Boegly/Artedia）

的纪念品商店与餐饮设施，让卢浮宫转变成了一座现代化的美术馆。贝聿铭也成了世界知名的建筑师。

卢浮宫扩建工程第一期获得了 1989 年法国巴黎伟大计划奖、纽约混凝土协会杰出奖、纽约工程顾问协会工程技术卓越奖与欧洲钢构工程大会最佳设计奖。卢浮宫扩建工程第二期于 1993 年完成。中庭内部倒置的三角形玻璃金字塔与外部入口处正向的玻璃金字塔交相辉映，可以说是玻璃幕墙结构工艺上的创举。这是贝聿铭将设计与技术相结合的一大力作。项目完工 25 年后，于 2017 年获得了美国建筑师协会二十五年奖。

东西方不同文化氛围中的玻璃构筑
——日本美秀美术馆与德国历史博物馆

在完成了美国国家美术馆东馆与卢浮宫扩建工程等经典之作的设计之后，全世界知名美术馆的扩建项目都争相邀请贝聿铭。1990 年，贝聿铭离开了自己创设的公司，他感觉自己年岁已高，决定今后只做有意义的且可以掌控的项目。

1997 年，贝聿铭设计的隐于山林之中的日本滋贺县美秀美术馆（Miho Museum）竣工。在设计上，贝聿铭运用延伸的轴线形成层次，使其在大自然环境中穿越山洞。参观者可以经过悬吊的钢索桥，到达美术馆入口的前院，再经过阶梯状的缓坡进入歇山式屋顶造型的入口玻璃大厅。透过玻璃大厅遥望远山的自然景致，能让人的心境豁然开朗。美秀美术馆有 70% 以上的使用面积覆盖在山里，这是贝聿铭继北京香山饭店的设计之后，再次尝试以东方文化的思维，运用现代工艺的玻璃构筑将大自然的意境引入建筑，他将这样的思维方式归源于中国古代诗人陶渊明的《桃花源记》。

　　与美秀美术馆融入自然不同，2003 年完成的德国历史博物馆（German Historical Museum）则是在柏林历史建筑之间寻求平衡的扩建项目。受限于基地的空间，在德国历史博物馆的设计上，贝聿铭运用三角形规划出新的入口大厅与展示区，临街面是缓缓旋转的圆弧体，落地玻璃幕墙围绕展厅的中庭，让内外空间更加通透，晚上，中庭灯光开启，为旧城区的夜间增添了几分明亮。贝聿铭将移动视点的概念再度运用到透明玻璃大厅，人们在馆内踏上玻璃回旋楼梯时，可以随着脚步的移动观赏窗外的柏林都市景观。这段圆形的回旋楼梯如同缅古怀今的都市剧场，成为德国历史博物馆的现代性标志，这是贝聿铭运用玻璃构筑的完美之作。

日本滋贺县美秀美术馆玻璃大厅（© Timothy Hursley）

德国历史博物馆扩建项目

现代玻璃构筑的贡献

现代主义起源于 20 世纪初的欧洲，第二次世界大战期间，许多欧洲艺术家逃到美国，使现代主义在美国生根发展。贝聿铭的现代主义精神，尤其是他对玻璃材料的运用深受密斯的影响，然而这样的探讨要深入到实际的设计与工程中才能理解。起初，贝聿铭对玻璃构筑的运用局限于商业办公大楼。脱离齐肯多夫后，他对玻璃构筑设计与技术的探索，随着建筑功能的多样化有了更多的拓展：美国国家航空公司航站楼全玻璃背挡的大片玻璃幕墙是当时工程技术的先驱者，肯尼迪图书馆沉思大厅的大面积玻璃构筑是一次勇敢的尝试。在玻璃构筑技艺上，贝聿铭真正的突破始于美国国家美术馆东馆，他运用现代建筑的几何形体，结合基地地形，创造出现代且突出的建筑外形，其偏心三角锥形状的采光玻璃天窗，将玻璃工程技艺推展到极限，哑光铝管的设计创意使玻璃幕墙引入的光线变得柔和，这成为贝聿铭事务所在玻璃采光罩技术上的标杆。很少有建筑师具备这样的能力，可以将建筑形体设计与工程技术完美地结合。卢浮宫扩建工程全透明玻璃金字塔的制造工艺与支撑构架，挑战着工程技艺的极限。香港中银大厦三棱柱全反射玻璃的造型设计，与结构创意融为一体，将玻璃构筑的技艺推上了更高的境界。

贝聿铭是 20 世纪现代主义的忠诚实践者和完美要求者，他的建筑说明了这一切。时值贝聿铭百岁华诞，笔者在此整理他的现代玻璃构筑，以期作为百岁贺礼，敬祝贝老永远健康快乐！

原刊于 2017 年 6 月号台北《建筑师》杂志 514 期

注释

［1］ I. M. Pei, "Museum for Chinese Art, Shanghai", *Progressive Architecture*, February 1948, p.52.

［2］ Philip Jodidio and Janet Adams Strong, *I. M. Pei Complete Works* (Rizzoli International Publications, Inc., 2008), Gulf Oil Building, p.25.

［3］ 同注2, p.27.

［4］ 同注2, p.342.

［5］ 同注2, p.38.

［6］ 同注2, p.77.

［7］ David W. Dunlap, "A Modern Masterpiece, No Longer Used, Will Soon Disappear at Kennedy Airport", New York Times, October 6, 2011.

［8］ Tribute to I. M. Pei, J. F. K. Library Forum, October 18, 2009, p.10.

［9］ I.M. Pei Oral History Interview by Vicki Daitch - JFK#1, March 18, 2003, p.9.

［10］ 同注9, p.18.

［11］ Carter Wiseman, *I.M.Pei : A Profile in American Architecture* (Harry N Abrams, Inc. Publishers, 1990), pp.157-159.

［12］ 同注11, p.161.

［13］ A Design for the East Building-Concept, National Gallery of Art, p.2.

［14］ 同注2, p.136.

［15］ 同注13, p.8.

［16］ 同注2, p.138.

［17］ 同注13, pp.9-10.

［18］ Tribute to I. M. Pei, J. F. K. Library Forum, October 18, 2009, pp.19-20.

［19］ Wikipedia-Russell Johnson (acoustician) -Career.

［20］ 同注11, p.273.

［21］ Paul Goldberger, "After 9 Years, Dallas Concert Hall Is Opening", *New York Times*, September 8, 1989.

［22］ Morton H. Meyerson Symphony Center web site-The Building.

［23］ 同注11, p.287.

［24］ 同注11, p.289.

［25］ Jerry King (刘卫雄), Feng Shui of Bank of China Tower Hong Kong.

第七章

披帙展书

阅读贝聿铭

黄健敏

国际知名华裔建筑大师贝聿铭于 1955 年成立建筑师事务所，1960 年开始独立执业，1990 年宣布退休，事实上他退而未休，截至 2009 年尚有作品问世，终其一生亲自负责主导了众多作品。每当贝聿铭有作品问世，媒体莫不争相报道。早年，《生活》（*Life*）、《展望》（*Look*）、《时代周刊》（*Time*）、《新闻周刊》（*Newsweek*）、《纽约邮报》（*New York Post*）、《哈珀斯》（*Harper's Magazine*）、《名利场》（*Vanity Fair*）、《人物》（*People*）、《时尚》（*Vogue*）、《鉴赏家》（*Connoisseur*）等大众化的刊物，皆曾以专辑或专题介绍过贝聿铭本人或是他的作品，甚至以他作为封面人物，如 1988 年香港《时尚先生》（*Esquire*）的中文版创刊号等。贝聿铭是极少数的能够纵横通俗与专业媒体的建筑师。

若要深入了解贝聿铭的作品，阅读专业杂志是最佳途径之一。美国《建筑 +》（*Architecture Plus*）杂志于 1973 年的双月刊（2 月、3 月），以 68 页的篇幅介绍贝聿铭事务所的作品。这是贝聿铭的作品第一次以专辑

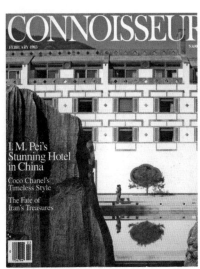

1983 年 2 月《鉴赏家》杂志英文版第 852 期以北京香山饭店为封面

1988 年香港《时尚先生》中文版创刊号以贝聿铭为封面

的形式呈现，该杂志的总编彼得·布莱克（Peter Blake，1920—2006）从此与贝聿铭成为莫逆之交。此后，布莱克的笔下再没遗漏过贝聿铭的力作，每次都会给出极佳的评语。1990年5月，香港中银大厦落成，布莱克亲自前往香港参观，在1991年1月的《建筑实录》（*Architectural Record*）杂志上，称赞香港中银大厦是最好的玻璃幕墙摩天大楼。日本《建筑与都市》（*A+U*）杂志于1991年6月发行了香港中银大厦特集，篇幅达82页，报道非常详尽，内容包括多达20页的施工图，这是建筑专业杂志罕有的大手笔。1984年1月的《时代建筑》杂志以香港中银大厦为封面，杂志里有两篇关于贝聿铭的文章，但没有任何关于香港中银大厦的介绍。

1973年美国的《建筑+》杂志的双月刊（2月、3月）贝聿铭作品专辑　1991年6月日本《建筑与都市》杂志的香港中银大厦特集　1984年1月的《时代建筑》杂志以香港中银大厦为封面

　　日本的建筑杂志对贝聿铭关注有加，1976年1月，日本《建筑与都市》杂志第61期为贝聿铭事务所制作了专辑，介绍了事务所的28件作品，其中包含极罕见的私人住宅项目——美国得克萨斯州沃斯堡坦迪住宅（Tandy House，1970）。

因为是以事务所为介绍主体，这些作品中当然也有事务所其他建筑师的作品。这本专辑还附录了事务所1949年至1973年的作品年表，内容充实，甚至包括造价。在中国台湾，这本杂志专辑由舒达恩等翻译，以《贝聿铭专辑》为书名，收入台北尚林书局出版社于1978年5月出版的"思想与作品译丛"中。"从贝的作品里可以看出建筑的'完美性'，一个忠于土地环境，忠于机能需求，而又以完美的空间展现的建筑师。"舒达恩在译序中如是说。

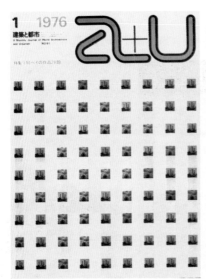

1976年1月日本《建筑与都市》杂志第61期的贝聿铭事务所作品专辑

翻译自日本《建筑与都市》杂志第61期的《贝聿铭专辑》

日本建筑界也对贝聿铭很是推崇，这一点从出版物上就可以体会到。日本著名建筑摄影家二川幸夫（1932—2013）在其创刊的《世界建筑》（*Globe Architecture*）杂志上，就曾以美国国家大气研究中心为对象，出版了大开本的专刊。此专刊由黄模春翻译，于1983年被台北胡氏图书出版社引进并发行了中文版。1982年6月，日本《空间设计》（*Space Design*）杂志第213期再度出版了贝聿铭专辑，专辑中虽然仅介绍了14

件作品，但篇幅多达 156 页，内容比先前的《建筑与都市》杂志更为深入，仅美国国家美术馆东馆一个项目的介绍就有 24 页。其中，肯尼迪图书馆、达拉斯市政厅、波士顿汉考克大厦与美国国家大气研究中心等建筑，所占的篇幅多于其他作品，由此可知这些建筑的重要性。很快地在两个月之后，中国台湾的市面上就出现了翻译自该期杂志、由台北茂荣图书有限公司印行的精装版《贝聿铭专集》。在《空间设计》杂志贝聿铭专辑的最后附有作品年表，此年表的内容包括作品名称、坐落地点、业主、建筑面积与项目造价等，笔者曾经以其为蓝本，增加了作品获奖记录等内容，在 1995 年所著的《贝聿铭的世界》一书中汇集成了新的作品年表，以便让读者可以更为深入地了解每件作品的殊荣与特色。

翻译自日本《世界建筑》杂志的美国国家大气研究中心专刊　　1982 年 6 月日本《空间设计》杂志第 213 期的贝聿铭作品专辑　　翻译自 1982 年 6 月日本《空间设计》杂志的《贝聿铭专集》

　　2008 年 8 月的《建筑与都市》杂志以副刊的方式（120 页的笺簿小册），用日英双语再度印行了贝聿铭的专刊以日本建筑师槙文彦与贝聿铭对话的形式呈现，内容包括贝聿铭在早年与大师前辈们相处的经验、与不同业主合作的经历，还有专门的章节记述其与艺术家们合作的过程。贝聿铭是普利兹克奖的第五位得主（1983），槙文彦是普利兹克奖的第十五位得主（1993），也是继丹下健三之后获此殊荣的第二位日本建筑师。

这本小册子得以诞生，是因为 2006 年 10 月槙文彦到纽约拜访贝聿铭，两人在贝聿铭家中一夕欢谈，令槙文彦感到有必要将贝聿铭宝贵的成功经验分享给众人。2007 年 4 月，贝聿铭赴中国洽谈商务，途经东京，与槙文彦又特地安排了 3 个多小时的对谈。槙文彦认为，贝聿铭的作品分布广泛，对许多城市都极有贡献，贝聿铭既不属于中国，也不属于美国，他应该是"世界公民"（Citizen of the World）[1]。

2008 年 8 月《建筑与都市》杂志以副刊方式出版贝聿铭对话录

　　美国国家美术馆东馆被认为是贝聿铭最杰出的作品之一，曾膺选全美 10 栋最佳建筑之一。美国国家美术馆东馆启用之后，于 1978 年 8 月登上了美国《建筑实录》杂志的封面。该杂志以 14 页的篇幅评介了美术馆东馆，评论作者威廉·马林（William Marlin）就是《世界建筑》丛刊美国国家大气研究中心专刊的作者。这种大手笔报道单栋建筑的情况，在当时的刊物中属于特例。国外的建筑刊物介绍作品时，除了基本的资料、建筑图与照片外，通常还会有一篇评论文章来协助读者解读。电影有影评，书籍有书评，建筑亦当有评论。反观中国台湾刊物，对建筑作品的介绍，只有基本的资料与建筑图，有些照片都够不上专业水准，建筑评论更是少见。1980 年，笔者在担任建筑师公会发行的专业刊物——《建筑师》的执行编辑时，曾尝试邀请圈内人，针对每个月的作品介绍开辟专栏执笔评论，可是有人认为批评同行有伤感情而大加反对，以致此构想夭折。1992 年，笔者出任《建筑师》杂志的主编，仍对建筑评论念兹在兹。为了增强作品介绍的深度，避免同行相轻的顾忌，乃以采访创作者的方式，由建筑师亲自现身进行自我诠释。有时能幸运地邀到一些学者专家来撰写评论，其目的是让人们能更了解建筑，这一精神，也正是笔者当年撰著《贝聿铭的艺术世界》一书的意旨所在。
建筑是构成我们生活环境的直接"容器"，
我们生活在这个大"容器"之内，往往习
而不察、察而不觉、觉而无知。这或许恰
好是现代城镇中混杂生活环境的注脚：大
家对建筑、对环境太缺乏认识。没有认识
怎会关切？没有认识怎能改善？国外专业
刊物介绍作品的方式，值得我们借鉴学习。

1978 年 8 月美国《建筑实录》杂志以
美国国家美术馆东馆为封面

1989 年 1 月，美国建筑师协会发行的
《建筑》（*Architecture*）杂志采用了巴黎
卢浮宫拿破仑广场上的玻璃金字塔为封面。贝聿铭的作品成为刊物封面
的次数不胜枚举，其中尤以卢浮宫玻璃金字塔出现的次数最多。在此之
前，《建筑实录》杂志于 1988 年 5 月对施工中的玻璃金字塔进行了颇为

1989 年 1 月美国《建筑》杂志以卢浮宫玻璃金字
塔为封面

1988 年 5 月美国《建筑实录》杂志以施工中的卢浮
宫玻璃金字塔为封面

1988 年法文版介绍贝聿铭的专著　　1990 年出版的英文版《贝聿铭——　2008 年出版的英文版《贝聿铭全集》
　　　　　　　　　　　　　　　　美式建筑的一个侧面》

详尽的报道，该期的封面就是施工中的玻璃金字塔。巴黎卢浮宫扩建工程堪称贝聿铭的巅峰之作，1988 年，法文版介绍贝聿铭的专著，也理所当然地将玻璃金字塔用做了封面。这是有史以来介绍贝聿铭作品的第一本专著，书中所涵盖的作品甚多，最特殊的是此书收罗了贝聿铭早年设计的一栋圆形螺旋公寓。该设计并未实现，是全书中唯一的一座"纸上建筑"，也是贝聿铭早期住宅设计中最有理论基础的作品。该作品曾在20 世纪 50 年代初的数个杂志上发表过[2]，但时隔多年许多人已不复知晓。法文版专著对该作品的再度披露，有助于明晰贝聿铭住宅设计的发展历程，是颇具价值的资料。在 1990 年印行的英文版专著《贝聿铭——美式建筑的一个侧面》中，这栋圆形螺旋公寓再度被作者卡特·怀斯曼（Carter Wiseman）特别提及。2008 年出版的《贝聿铭全集》一书，以这座未建成的圆形螺旋公寓为起点，披露了更多的相关信息。不过早在 1954 年，中国台湾《今日建筑》双月刊的第二期就曾介绍过该作品，可惜《今日建筑》双月刊流传不广，以致此项目在中国台湾鲜为人知。

　　卡特·怀斯曼所著的《贝聿铭——美式建筑的一个侧面》一书的出版时间颇有深意，其正值贝聿铭于 1990 年 1 月 1 日宣布退休之时，显然是有意以此书来总结贝聿铭一生的成果。这本书中有贝聿铭孩童时的照片、1942 年的结婚照、1964 年在威尼斯旅行时的全家福与一些居家照片，由此可见卡特·怀斯曼在编著此书时深获贝聿铭的支持。这本书全书 12 章，其中有 8 章是针对特定作品的论述，而这些篇章的副标题很传神地表达出了每一个作品的特质，如美国国家大气研究中心的副标题是"由规划到造型的旅程"、肯尼迪图书馆的副标题是"通往盛名之门"、达拉斯市政厅的副标题是"一个都市的象征"、卢浮宫扩建工程的副标题是"一场金字塔的战争"等。第十二章特别标明 1989 年是"贝聿铭年"（The Year of Pei），因为 1989 年是香港中银大厦、贝弗利山创新艺人经纪公司、莫顿·梅尔森交响乐中心、康州嘉特罗斯玛丽学校科学中心与巴黎卢浮宫扩建工程等项目的告成之年。卡特·怀斯曼对每件作品的背景与发展都进行了剖析，这位哥伦比亚大学艺术系出身的作者，曾担任过《新闻周刊》的助理编辑，为《纽约杂志》写过建筑评论，所以卡特·怀斯曼笔下的《贝聿铭——美式建筑的一个侧面》一书可读性甚高。其中最值得记述的是书末的作品年表，过去的作品年表皆以贝聿铭及合伙人事务所（I. M. Pei & Partners）的形式出现，然而贝聿铭及合伙人事务所的项目设计是由贝聿铭、亨利·考伯与詹姆斯·弗瑞德这 3 位合伙人分别负责的。在书中，贝聿铭退休前夕，事务所的 114 件建筑作品中，有 66 件是由贝聿铭亲自参与主导的，本书将这 3 位建筑师负责的设计分别罗列，可以清晰地看出他们每个人所专注的建筑类型及其业务分布地域的差异。

房地产企业经常打着建筑大师的名号来推销预售，贝聿铭是人们耳熟能详的人物，因此也常被利用。贝聿铭退休之后，原有的事务所改组为"贝考弗及合伙人事务所"（Pei Cobb Freed & Partners Architects），在此事务所中，贝聿铭只保留了创办人的荣誉头衔，除此之外，贝考弗及合伙人事务所与贝聿铭已无关系。贝聿铭本人则以"建筑师贝聿铭"（I. M. Pei Architect）的名义从事他所乐意参与和感兴趣的项目。贝聿铭的两个儿子也是建筑师，他们离开了贝考弗及合伙人事务所之后，以"贝氏建筑事务所"（Pei Partnership Architects）之名自立门户。个人建筑师事务所与公司组织的事务所仅凭名称难以分辨，房地产代销公司也经

台北街头以叫卖贝聿铭为噱头的房地产广告

常混淆，也许是别有用心，希望借由鱼目混珠来博取业绩吧。1995 年 3 月，《卓越》杂志出现了一则房地产广告，大打名人牌，号称是以天价礼聘大师贝聿铭进行的设计。但事实上，该项目与贝聿铭没有丝毫关系，该项目的设计人是贝考弗及合伙人事务所的亨利·考伯。在 1990 年贝聿铭宣布退休后，事务所的业务由新起的一代建筑师掌理，贝聿铭已不再过问。1995 年 4 月，《天下》杂志、《财讯》杂志上出现了另一个房地产开发案，将"贝聿铭" 3 个字以超级大的字号呈现，项目名称反居配角，虽然贝聿铭的姓名之下还有一行"建筑师事务所"的中文，姓名上方还有一行英文，但这两行字都极为细小，难以阅读，不无误导消费者的嫌疑。1995 年 4 月 30 日的《中国时报》周刊第 174 期，副总编辑黄志全撰写了《叫卖贝聿铭》一文，文中直陈，贝聿铭的助理声明贝聿铭从未参与中国台湾的任何项目。台湾房地产业为了促销无所不用其极，不过大师名号绝非万应灵药，受经济萧条的影响，这两个分别位于台中市与新北市的项目，在 1996 年一度销声匿迹。尔后新北市淡水区的项目于 2013 年建成，以"天境 360"（The ellipse 360）为名，出现在房地产市场上。

中国建筑工业出版社于 1990 年 8 月出版的《贝聿铭》（王天锡著）一书，也犯了作品混淆的谬误，书中收录了亨利·考伯与詹姆斯·弗瑞德的作品。此书是中国建筑工业出版社"国外著名建筑师丛书"第一辑 12 本书中的一册，全书分评论、作品与言论摘录，另有附录，体例完好。书首有 9 页彩色页面，其余皆为黑白，以今日的标准审视则不足以呈现贝聿铭的

建筑之美。1995 年美国新月图书公司（Crescent Books）出版了《贝聿铭》画册，具有艺术史背景、担任过编辑的艾琳·里德（Aileen Reid），在该书中也犯了一些难以被谅解的错误，诸如错将日本建筑大师丹下健三设计的新加坡华联银行充作贝聿铭的华侨银行、错将休斯敦贝壳广场大厦误认为得克萨斯州商业大楼，这些错误使得这本有 80 余页、全部彩色印制的画册徒有精美照片，而缺乏正确内容，实在可惜。艾琳·里德将贝聿铭的建筑生涯分为发展孕育期（1950—1966）、美国成就期（1966—1977）与扬名国际期（1978—1994），其文章内容了无新意，虽然未将参考书目列出，但很明显地可以感受到是由一些原始数据拼凑而成。这本书是有关贝聿铭的众多书籍中开本最大、页数最少、纯然养眼的书。

1990 年 8 月中国建筑工业出版社出版的《贝聿铭》　　1995 年美国新月图书公司出版的《贝聿铭》画册

　　1995 年 4 月 26 日是贝聿铭 79 岁的生日，台北艺术家出版社刊行了全球第 5 本介绍贝聿铭的专著《贝聿铭的世界》。这本书大大有别于其他有关贝聿铭的著作，全书仅以贝聿铭一生所设计的 10 栋美术馆为内容，这种以建筑类型为主的编著方式非常独特，书中更将贝聿铭于 1974 年为加利福尼亚州长滩市所设计的美术馆资料首度公开。长滩美术馆因经费问题并未兴建，其他所有有关贝聿铭的专著中都没有提到过此方案。在贝老先生慨然允诺的协助之下，原本预计于 1999 年竣工的卢森堡大公现代美术馆，也在这本《贝聿铭的世界》里做了首次展示。当时的中国台湾正在大力提倡将公有建筑物建设为艺术品，建筑与艺术结合的建设类型，在实践中最为成功的建筑师当属贝聿铭。贝聿铭所设计的建筑中有多达 48件艺术品。《贝聿铭的世界》一书辟有专章介绍建筑物与艺术品相结合的案例，以供设计者参考学习。

1995 年台北艺术家出版社出版的《贝聿铭的世界》

1996 年 10 月，中国计划出版社与香港贝思出版有限公司合作发行了《贝聿铭的世界》一书的简体中文版，基于市场条件，未收入繁体中文版中的《贝聿铭作品研究文章目录 1948—1990 年》，索引也遭省略，但全书改为彩色印刷，使得原本因考虑售价而在繁体中文版中未能以彩色出现的图片，在简体中文版里全部以彩色呈现。为配合贝聿铭系列书刊的出版，《贝聿铭的世界》一书的简体中文版更名为《贝聿铭的艺术世界》，以期更贴切地表达书中内容。2020 年，《贝聿铭的艺术世界》由浙江人民出版社二度发行，因为时隔 20 余年，内容有所修订，增加了苏州博物馆，删除了莫顿·梅尔森交响乐中心。1997 年 6 月，中国计划出版社与香港贝思出版有限公司再度合作推出了《阅读贝聿铭》，作为贝聿铭系列书刊的第二本书。《阅读贝聿铭》一书收录了 23 篇关于贝聿铭个人、作品与出版物的文章，包括贝聿铭于 1954 年第一次到中国台湾省立工学院建筑系的演讲、于 1978 年在北京的清华大学建筑系的演讲。这些关键性的演讲、可以作为了解贝聿铭不同年代的建筑观的重要资料。

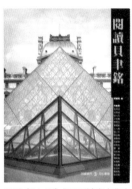

1996 年中国计划出版社与香港贝思出版有限公司合作出版的《贝聿铭的艺术世界》

1997 年中国计划出版社与香港贝思出版有限公司合作出版的《阅读贝聿铭》

1999 年 4 月台北田园城市文化事业有限公司出版的《阅读贝聿铭》

1999 年 4 月，特别挑选于贝聿铭生日所在的月份，《阅读贝聿铭》的繁体中文版在台湾出版发行，文章增至 29 篇，收录了贝聿铭的新作——日本美秀美术馆与德国历史博物馆，同时附录了"贝聿铭研究中文文章索引"。这份文章索引，与《贝聿铭的世界》一书内的英文文章目录一道，为研究贝聿铭开启了更宽阔的途径。对贝聿铭的研究，可以从建筑师本人、建筑作品、与贝聿铭相关的文献等角度分别进行。

1995 年 10 月，由迈克尔·坎内尔所著的《贝聿铭——现代主义泰斗》出版，该书着重于介绍贝聿铭的个人生平，而非建筑作品，很能满足一般人对名人的好奇。出身新闻界的作者迈克尔·坎内尔发挥其职业专长，访问了许多人，包括美国当代著名的建筑明星们、曾与贝聿铭共事过的建筑事务所同仁们，以及贝聿铭的家人和亲属们，通过第三者的观点，为读者勾勒出一个有血有肉、褒贬互见的鲜活形象，剔透地呈现了这位建筑大师众多不为人知的故事。在坎内尔的笔下，贝聿铭的交际专长才是凡事转危为安的利器，为了追求优秀的建筑质量，不断地追加预算，几乎是贝聿铭建筑设计的必然戏码。以莫顿·梅尔森交响乐中心为例，该项目采用了单个造价 1.2 万美元的灯具，得州大佬们得知后已被吓坏，但长袖善舞的贝聿铭竟然让他们慷慨地同意再多花 25 万美元。"他有能力神奇且美妙地引导业主更上一层。"贝聿铭的好友威廉·沃尔顿（William Walton）说道。威廉·沃尔顿是肯尼迪图书馆的筹建委员之一，是肯尼迪家族的至交。肯尼迪竞选总统时，威廉·沃尔顿出任了重要职位；在肯尼迪就职前，其办公室就位于华盛顿近郊乔治镇威廉·沃尔顿的居所中。书中也不乏火爆露骨的批评，事务所退休的同事普雷斯顿·摩尔（Preston Moore）就批评贝聿铭太过以自我为中心，总是要当"最佳男主角"。艾罗多·科苏塔曾是建筑事务所的大将，就因为要求将名字列在其所参与设计的波士顿基督教科学中心的建筑师名单中而不见容于贝聿铭，最后只得离职。事务所另两位合伙人亨利·考伯与詹姆斯·弗瑞德没像艾罗多·科苏塔一样自立门户，是因为他们自知没有贝聿铭那样丰沛的人脉资源，没有争取大项目的能力。这两位合伙人多年

1995 年 10 月坎内尔所著的《贝聿铭——现代主义泰斗》

1996 年台北智库版《贝聿铭——现代主义泰斗》

1997 年香港中国文学出版社出版的《贝聿铭传——现代主义大师》

来一直处于贝聿铭的盛名之下，其境遇直到 1989 年 9 月 1 日以后才得到改善。该书唯一没有访问到的人物是主角贝聿铭，这反映出贝聿铭对有关其个人书籍的谨慎态度。贝聿铭很善于运用媒体，每逢新作落成，他都会很配合地接受采访，但是只针对作品，鲜少涉及个人事务。早年，贝聿铭对访问颇为拒绝，这令殷允芃女士于 1968 年亲访贝聿铭写成的《享誉国际建筑师——贝聿铭》[3]一文显得格外的珍贵。

台北智库文化出版社在坎内尔的英文著作尚未出版之前，就已获得该书样稿，很早开始翻译，因此能在英文版问世后 4 个月就出版了中文版，至 1998 年已刊行了 13 版，甚至于 1996 年登上了诚品书店年度畅销书榜单的第十名，并于 2003 年印行了软精装版。但是台北智库版的翻译错谬很多，关键在于译者不具备建筑专业知识，笔者曾在 1996 年 5 月的《空间》杂志上撰文，列举此书中的错误。随着该书的畅销，不正确的信息得以传播，实在令人非常惋惜。1997 年 1 月，香港中国文学出版社出版了坎内尔著作的简体中文版，相较于台北智库版，其译文的"信、达"程度高出很多，只是笔者略有不解：为何文学出版社出版非文学家的传记？

1998 年 2 月，《贝聿铭——现代主义泰斗》一书又有了日文版，一个建筑师的并不完整的传记，竟然有如此多的译本，由此可见该书受欢迎的程度。与日文版相比，繁体中文版和简体中文版有一个共同的缺点：两版中文书将原书中的参考书目与索引全部删除，而日文版则保留了原书的面貌。删除索引减弱了图书的使用价值，使图书内容变得不够完整。

截至 20 世纪末，所有已出版的关于贝聿铭的书籍，都未能涵盖贝聿铭建筑生

1998 年 2 月日文版《贝聿铭——现代主义泰斗》

涯中的全部作品。贝聿铭的作品遍布全球，过于广泛，难于求全，而贝聿铭也从不主动为作品诠释立言，这导致书籍作者缺乏第一手的资料。纵然如此，大师的身影如同他的作品一般，在环境中静默地散发着影响，见证着建筑艺术的真善美。这一遗憾在 2008 年《贝聿铭全集》问世时得到了弥补。《贝聿铭全集》的作者之一珍妮特·亚当斯·斯特朗是贝聿铭事务所的公关主任，多年来一直负责事务所作品的发表与整理。早在1990 年，她就开始着手编辑贝聿铭的作品全集，直到 2008 年才完成本书。《贝聿铭全集》的另一位作者菲利普·朱迪狄欧（Philip Jodidio）有着极其丰富的编辑经验，且具有哈佛大学艺术史的教育背景，曾经出版过多位建筑师的作品专集，在国际建筑圈很有知名度。《贝聿铭全集》中，每个作品通常有 4 ～ 6 页的介绍，不过博物馆作品例外。若以篇幅来衡量作品的重要性，多达 38 页的卢浮宫扩建工程当居首位，贝聿铭也曾自述，该项目在他的设计生涯中排名第一。美国国家美术馆东馆的篇幅仅次于卢浮宫扩建工程，居于亚军地位；与东馆相近的项目则多是贝聿铭退休后从事的设计，如苏州博物馆、伊斯兰艺术博物馆、美秀美术馆与卢森堡大公现代艺术博物馆等。在这一系列的博物馆作品中，贝聿铭格外强调历史所扮演的重要角色，在书首的短文中，他甚至以"建筑乃艺术与历史"（Architecture is Art and History）为题，表示这"提醒我艺术、历史与建筑确实是合为一体，密不可分的。"然而若要观察贝聿铭的创作，从历史的观点切入反倒不如以文化的立场来探讨。在哈佛大学，贝聿铭硕士毕业设计的主题是上海中国艺术博物馆，该作品正是针对德国包豪斯的一次反思，想要借由东西方文化的差异寻求非"白板建筑"的可能性。贝聿铭自立门户后的第一个重要作品——美国国家大气研究中心，是从美国原住民文化中汲取的灵感；1982 年为改革开放后的中国所设计的北京香山饭店，有着想要为中国建筑觅得新径的强烈企图；摇滚名人堂与博物馆则是要为流行音乐寻找新的文化标志。自卢浮宫扩建工程之后一

法国巴黎卢浮宫扩建工程

美国国家美术馆东馆

美国国家大气研究中心

北京香山饭店

克利夫兰摇滚乐名人堂与博物馆

日本滋贺县美秀美术馆

卢森堡大公现代艺术博物馆

德国历史博物馆

苏州博物馆

连串的博物馆项目，莫不涉及当地的独特文化。罕有建筑师能够有如此丰富的际遇，可以尽情地发挥才智，达到广受赞誉的境界。

　　《贝聿铭全集》清晰地罗列出了每个项目的所有参与者，有助于展现团队成员各自所扮演的角色，不过中文版却将部分职称译错：DP（Design Principal）应该是主创设计师，而非设计原则；PP（Principal Planner）是主创规划师，不是原则规划师；RA（Resident Architect）是驻地建筑师，而非住宅建筑。显然，这又是因为译者没有建筑专业背景，导致了这样的错误。相对的，由林兵翻译的《与贝聿铭对话》一书，由于译者是美国哥伦比亚大学建筑与城市设计硕士，又具有参与苏州博物馆的经验，所以译文没有瑕疵。该书中附录了译者与贝聿铭的访谈，由贝聿铭亲口谈论作品十分难得，大大增加了该书的可读性，但是此书引发了有关东海大学路思义纪念教堂的争议[4]。贝聿铭称该教堂是完全由他设计的，这与台湾地区人们的认知有些差异，有待进一步研究厘清。

2017 年 10 月的中国台湾建筑学会会刊杂志第 88 期《东方现代性——贝聿铭建筑师事务所与东海大学校园》，由东海大学建筑系主任邱浩修担任客座主编，这期杂志是献给贝聿铭 100 岁生日的贺礼，可以作为了解东海大学建校期间众多建筑的佐本。可惜有些信息依然有谬误。如由郭奇正、邱浩修访问华昌宜的"回忆东海校园——规划时期之时空背景"一文，提及 1954 年 3 月 1 日贝聿铭在台湾省立工学院的座谈，华昌宜错将圆形螺旋公寓的地点由纽约搬迁至芝加哥[5]；文中郭奇正提到，路思义纪念教堂的钢结构图出自芝加哥的 Robert & Schaefer Company，但实际上该公司位于纽约[6]。这些正确的信息都可以在《贝聿铭全集》中得以验证。

2000 年英文版的《与贝聿铭对话》　　　　2003 年台北联经出版社出版的《与贝聿铭对话》

　　《与贝聿铭对话》一书中的"贝聿铭建筑作品图录"，中文版与英文版有些许差异。英文版的图片全部为黑白照片，中文版则改为了彩色，还有些增添。当初台北联经出版社有意替换图录的照片，但因贝聿铭不

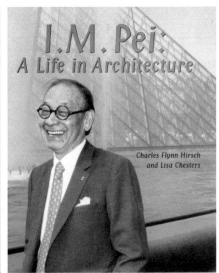

1997 年台北联经出版社童书版《成功者的故　2003 年 Rigby 出版社童书版《贝聿铭——建筑一生》
事——贝聿铭》

赞同而作罢。如果留意每件作品曾经发表过的照片，可以发觉存在同一建筑屡屡使用同一批照片的现象，显然是为贝聿铭所认可的、足以表现其作品特色的一批照片。由照片的来源分析，可以发现在不同的时期，贝聿铭都有其偏好的专业建筑摄影师，如早期作品多半由巴尔塔萨尔·科拉布（Balthasar Korab）掌镜，中期由埃兹拉·斯托勒（Ezra Stoller）拍摄，晚期则是保罗·沃霍尔（Paul Warchol）。

　　台北联经出版社将贝聿铭在美国奋斗的成功事迹，结合 4 位其他领域的知名人物，为儿童与少年读者撰写了一套成功者的故事。故事从1935 年贝聿铭乘船到达美国开始，以 1974 年返回故乡终结，作者管家琪希望小读者们能明白"大师"不是一夜成名的，勤奋与努力才是我们应该学习的。作为童书，《成功者的故事——贝聿铭》是众多有关贝聿铭的著作中较为特殊的一本，2009 年 3 月吉林文史出版社引进出版了该书的简体中文版。1993 年芝加哥儿童出版社（Children's Press）

也曾刊行过一本童书版的《贝聿铭——梦的设计师》（*I. M. Pei: Designer of Dreams*），该书只有 32 页，以简洁而又口语化的笔调向孩子们介绍了这位著名建筑师。值得注意的是，书中第 14 页有一张贝聿铭 18 岁时初抵美国，在旧金山的留影，第 19 页有张全家福。由于读者群是孩童，以致这本书很少为人所知悉。像这般介绍大师身影的童书，还有 2006 年玛莉·恩格拉（Mary Englar）

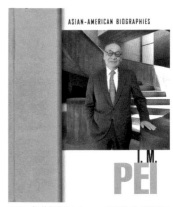

2006 年芝加哥 Raintree 出版社童书版《贝聿铭》

所编的另一本小书《贝聿铭》（*I. M. Pei*），全书仅 64 页，分为 7 个篇章，以 1992 年贝聿铭获得自由勋章（the Medal of Freedom）为终篇，该书是亚裔美国人传记系列（*Asian-American Biographies*）的其中之一。自由勋章是由美国政府颁发给平民的最高荣誉，该勋章创立于 1945 年哈里·杜鲁门总统的任内，1963 年由肯尼迪总统恢复颁发。1964 年，密斯·凡·德·罗成为首位获得自由勋章的建筑师，继而是 1983 年的理查德·巴克敏斯特·富勒（Richard Buckminster Fuller，1895—1983），贝聿铭排在第三位。自贝聿铭之后，自由勋章便没有再颁发给建筑师，直到 2016 年，才有第四位建筑师弗兰克·盖里（Frank Gehry，1929—）获此荣誉。

　　20 世纪出版的关于贝聿铭的著作大多以卢浮宫玻璃金字塔为封面，《贝聿铭的世界》一书的初版至第 4 版则采用美国国家美术馆东馆为封面，第 5 版时改为卢浮宫的玻璃金字塔。从中可见，美术馆是贝聿铭设计生涯中最重要的主题。"美术馆应该是一个有趣的地方，一个欢悦的场所。"贝聿铭如是说。《贝聿铭的世界》一书，从艺术的角度下笔，介绍了美术馆、交响乐中心与公共艺术，希望专业人士与大众能从中获得阅读的乐趣，

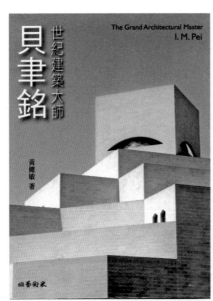

2018 年向贝聿铭百岁贺寿的《世纪建筑大师——贝　2019 年迟到的《贝聿铭建筑十讲》
聿铭》

希望建筑艺术能融入生活，借着大师的杰作提升人们对生活环境的认知、关切与改善。秉持相同的理念，以博物馆为主轴，选取了贝聿铭退而不休后所完成的摇滚名人堂、美秀美术馆、德国历史博物馆、苏州博物馆与伊斯兰艺术博物馆等建筑；结合其生平及年表，同时收录其关键性的作品：美国国家大气研究中心、美国国家美术馆东馆与香港中银大厦等。笔者又撰著了《世纪建筑大师——贝聿铭》一书，于 2018 年贝聿铭 100 岁生日之际在中国台湾以繁体字版出版，向世纪建筑大师致敬贺寿。《世纪建筑大师——贝聿铭》的简体中文版原本计划与繁体中文版同时上市，因为种种因素，直至 2019 年 6 月贝聿铭逝世后才出版。简体中文版中增添了莫顿·梅尔森交响乐中心一文，改以《贝聿铭建筑十讲》为书名。

迈入 21 世纪，中国又陆续出版了数本有关贝聿铭的书：2001 年河北教育出版社的《科学巨匠——贝聿铭》、2004 年上海文汇出版社出版

2001 年河北教育出版社出版的《科学巨匠——贝聿铭》

2004 年上海文汇出版社出版的《贝聿铭谈贝聿铭》

2004 年北京现代出版社出版的《华人纵横天下——贝聿铭》

2007 年苏州古吴轩出版社出版的《贝聿铭与苏州博物馆》

2008 年湖北人民出版社出版的《贝聿铭传》

2012 年电子工业出版社出版的简体中文版《贝聿铭全集》

2018 年中国建筑工业出版社出版的《东西之间:贝聿铭建筑思想研究》

2019 年三联书店出版的《百年贝聿铭》

2021 年北京联合出版公司出版的新版《贝聿铭全集》

的《贝聿铭谈贝聿铭》、2004 年北京现代出版社出版的《华人纵横天下——贝聿铭》、2007 年苏州古吴轩出版社出版的《贝聿铭与苏州博物馆》、2008 年湖北人民出版社出版的《贝聿铭传》、2012 年电子工业出版社出版的简体中文版《贝聿铭全集》(2021 年由北京联合出版公司出版新版)、2018 年中国建筑工业出版社出版的《东西之间：贝聿铭建筑思想研究》与 2019 年三联书店出版的《百年贝聿铭》。这些书都不约而同地采用贝聿铭本人的照片为封面。关于贝聿铭书籍的封面设计是一有趣的现象，卡特·怀斯曼版、中国香港版、台北智库版、日文版、童书版、台北联经版与简体中文版《贝聿铭全集》皆以贝聿铭本人为封面。也许对社会大众来说，贝聿铭的知名度远胜于他的个别建筑作品，相较之下以贝聿铭本人为封面更有卖点吧。

在众多有关贝聿铭的出版物中，出自郭立群的《东西之间：贝聿铭建筑思想研究》一书最为特殊，这是作者以武汉理工大学博士论文为基础撰写的一本书。按中国优秀硕士论文全文数据库在 2019 年年底的信息，以"贝聿铭"作为关键词，可以检索得 26 篇论文，其中以涉及中西文化、民族性的居多。台湾地区的学院对贝聿铭的研究极稀少，从台湾博硕士论文知识加值系统只搜寻到东海大学建筑学系硕士班赖人硕的《东海大学路思义纪念教堂地构筑性探讨》(1999)、逢甲大学建筑学系硕士班陈柏玮的《苏州博物馆建筑思维之研究》(2014)。因为贝聿铭是华裔，国人便喜好将他的璀璨成就引为中国的光辉，其实在他 102 岁的生涯中，中国所占的比例实际很小。贝聿铭于 1917 年出生在广州，在香港度过了童年时光，1927 年回到上海，1935 年至美国留学，然后以纽约为基地逐步开展他的建筑事业，直至终老异域。对于一个 18 岁就远离家乡的少年，希冀他对中国传统有深刻的体认，实在有些不合情理。人们总以北京香山饭店与苏州博物馆检验贝聿铭对中国文化的理解，或是寻觅中国对他的影响，在他长达 64 年的从业经历中，整体来看，中国的两个项目所占的比例其实很微小。事实上，贝聿铭的家庭度假小屋与夏威夷大学东西方文化中心（East-West Center, University of Hawaii, 1960—1963）两个项目是值得探索的对象，或许能辅助论述贝聿铭作品中的中国元素。要从中国文化的角度来论述贝聿铭的作品，总令人感到有些牵强。1990年4月30日中国香港明珠电视台播出《建筑梦想》节目，在香港中银大厦第70层的大厅中，贝聿铭接受了访问，他称自己的根是中国的，长出的枝叶是美国的。这真是最贴切的自我表述，也最适当地说明了东西方文化对于大师一生的影响与贡献，贝聿铭是一位多元文化的建筑师。

　　研究建筑师的思想，其作品是最直接有效的对象，要进一步了解并阐释作品，要靠文献与出版物。下面这份有关贝聿铭的出版物档案，谨为读者提供阅读贝聿铭、探索贝聿铭更多元的选择！

贝聿铭真正的收山之作：美秀教堂

有关贝聿铭的出版物档案

书名	著(译)者	出版者	出版年代	备注
NCAR Christian Science Center	撰文 William Marlin 摄影二川幸夫	东京 EDITA	1976 年 12 月	日本《世界建筑》杂志第 41 期
贝聿铭专辑	舒达恩 等译	台北尚林书局	1978 年 5 月	翻译《建筑与都市》杂志 1976 年 1 月号
I.M.Pei & Partners drawings for the East Building, National Gallery of Art	I.M. Pei & Partners	Adams Davidson Galleries	1978 年	展览专刊
贝聿铭专集	—	台北茂荣图书有限公司	1982 年 8 月	翻译日本《空间设计》杂志 1982 年 6 月号
美国国家大气研究中心、波士顿基督教科学中心	黄模春 译	台北胡氏图书出版社	1983 年	翻译 1976 年日本《世界建筑》杂志
现代建筑贝聿铭	编辑部	日本鹿岛出版会	1984 年	—
Ieoh Ming Pei	Bruno Suner	Hazan, Paris	1988 年	法文版
Le grand Louvre: Du donjon a la Pyramide	Catherine Chaine	Hatier, Paris	1989 年	法文版，另有英文版
A Profile of East Building Ten Years at the National Gallery of Art 1978–1988	Frances P. Smyth 主编	the National Gallery of Art	1989 年	—
贝聿铭	王天锡	中国建筑工业出版社	1990 年 8 月	—
I.M.Pei: A Profile in American Architecture	Carter Wiseman	Harry N. Abrams Inc., New York	1990 年	2001 年更新版
Architecture and Medicine:I. M. Pei Designs the Kirklin Clinic	Aaron Betsky	UPA	1993 年 3 月 24	—
I.M.Pei: Designer of Dreams	Pamela Dell	Children's Press, Chicago	1993 年	童书
I. M. Pei	Aileen Reid	Crescent Books, New York	1995 年 4 月	—
贝聿铭的世界	黄健敏	台北艺术家出版社	1995 年 4 月	—
I.M.Pei: Mandarin of Modernism	Michael Cannell	Carol Southern BooksNew York, NY	1995 年 10 月	—

续表

书名	著(译)者	出版者	出版年代	备注
贝聿铭——现代主义泰斗	萧美惠 译	台北智库文化出版社	1996 年 2 月	I.M.Pei: Mandarin of Modernism 繁体中文版
贝聿铭的艺术世界	黄健敏	中国计划出版社、香港贝思出版有限公司	1996 年 10 月	《贝聿铭的世界》简体中文版
Miho Museum	编辑部	日本日经 BP 社	1996 年 12 月	—
贝聿铭传——现代主义大师	倪卫红 译	中国文学出版社	1997 年 1 月	I.M.Pei: Mandarin of Modernism 简体中文版
阅读贝聿铭	黄健敏 编	中国计划出版社、香港贝思出版有限公司	1997 年 4 月	—
成功者的故事——贝聿铭	管家琪	台北联经出版社	1997 年 6 月	童书
Miho Museum	编辑部	日本 Miho Museum	1997 年 11 月	开幕纪念册
Miho Museum	Sylvie 主编	Connaissance des Arts, Paris	1997 年	—
Miho Museum	中村克彦	日本 Miho Museum	1997 年	日文版
贝聿铭传	松田恭子 译	日本三田出版社	1998 年 2 月	I.M.Pei: Mandarin of Modernism 日文版
Miho Museum	Philip Jodidio 编	Connaissance des Arts, Paris	1999 年	—
阅读贝聿铭	黄健敏 编	台北田园城市文化事业有限公司	1999 年 4 月	—
Convention with I.M.Pei	Gero von Boehm	Prestel, Munich	2000 年 10 月	—
科学巨匠——贝聿铭	倪卫红 编著	河北教育出版社	2001 年 1 月	—
L'Invention du Grand Louvre	Emile Biasini, Jean Lacouture	Odile Jacob	2001 年 9 月	法文版
I.M.Pei	V. T Dacquino	Benchmark Education Co.	2002 年	童书,16 页
I.M.Pei: A Life in Architecture	Charles Flynn Hirsch, Lisa Chesters	Rigby	2003 年 5 月	—
I.M.Pei: The Exhibition Building of the German Historical Museum Berlin	Ulrike Kretzeschmar 编	Prestel, Munich	2003 年 5 月	另有德文版

续表

书名	著(译)者	出版者	出版年代	备注
与贝聿铭对话	林兵 译	台北联经出版社	2003 年 11 月	Convention with I.M.Pei 繁体中文版
I.M.Pei and Society Hill	Barbara E. Cowan	Dianne Publishing Company	2003 年	—
贝聿铭谈贝聿铭	林兵 译	上海文汇出版社	2004 年 7 月	Convention with I.M.Pei 繁体中文版
华人纵横天下——贝聿铭	张克荣 编著	北京现代出版社	2004 年 11 月	—
I.M.Pei	Ruggero Lenci	Testo & Immagine, Turin	2005 年 1 月	意大利文版
I.M.Pei: Der Ausstellungsbau Fur Das Deutsche Historische Museum Berlin	Ulrike Kretzschmar	Prestel, Munich	2005 年 09 月 14	英文、德文双语版
I.M.Pei	Mary Englar	Raintree, Chicago, Illionis	2006 年	童书
贝聿铭与苏州博物馆	徐宁、倪晓英	苏州古吴轩出版社	2007 年 4 月	—
贝聿铭传	廖小东	湖北人民出版社	2008 年 7 月	—
I.M.Pei: Words for the Future	吉田贤次、横山圭 编	日本《建筑与都市》杂志专刊	2008 年 8 月	
I.M.Pei	Philip Jodidio	Chene	2008 年 11 月	法文版
Museum of Islamic Art, Doha, Qatar	Sabiha Al Khemir	Prestel, Munich	2008 年	有阿拉伯文版
MIA I.M.Pei	Keichi Tahara	Grafiche, Milani	2008 年	摄影集
Miho Museum: I.M. Pei Architecture	Kiyohiko Higashide	Miho Museum	2008 年	日文版
I.M.Pei Complete Works	Philip Jodidio, Janet Adams Strong	Rizzoli, New York	2008 年	—
Museum of Islamic Art, Doha, Qatar: Museum Guide	Sabiha Al Khemir	Prestel, Munich	2009 年	有阿拉伯文版
Museum of Islamic Art, Doha, Qatar	Philip Jodidio	Prestel, Munich	2009 年 2 月	—
成功者的故事——贝聿铭	管家琪	吉林文史出版社	2009 年 3 月	童书,台北联经出版社的简体中文版

续表

书名	著(译)者	出版者	出版年代	备注
I.M.Pei:The Louvre Pyramid	Philip Jodidio	Prestel	2009 年 6 月	另有法文版
I.M.Pei	Louise Chipley Slavicek	Chelsea House Publishers, New York, NY.	2009 年 10 月	童书, 16 页, Asian Americans of Achievement 系列
I.M.Pei: Photographs	Keiichi Tahara	Assouline	2009 年 10 月 8	—
A Modernist Museum in Perspective: The East Building, National Gallery of Art	Anthony Alofsin edited	National Gallery of Art	2009 年	—
I.M.Pei: Museum of Islamic Art	Keiichi Tahara	Assouline	2009 年 9 月	—
I.M.Pei: Architect of Time, Place and Purpose	Jill Rubalcaba	Marshall Cavendish International Ltd.	2011 年 10 月	—
科学巨匠——贝聿铭	倪卫红	河北教育出版社	2011 年	
贝聿铭全集	李佳洁、郑小东 译	电子工业出版社	2012 年 1 月	I.M.Pei Complete Works 简体中文精装版
I.M.Pei	Jessse Russell, Ronald Cohn	Book on Demand Ltd.	2012 年 1 月 27	—
建筑大师作品体验: 德国历史博物馆	黄亚斌、徐钦	中国水利水电出版社	2012 年 3 月 1	—
I.M.Pei: Miho Museum	Miho Museum	Miho Museum	2012 年 5 月	有中、日、英等多国语言版本
贝聿铭全集	李佳洁、郑小东 译	台北积木文化	2012 年 9 月	I.M.Pei Complete Works 繁体中文版
National Gallery of Art Architecture + Design	Maygene Daniels, Susan Wertheim	National Gallery of Art	2014 年	—
神秘的东方贵族——贝聿铭和他的家族	张一苇	苏州大学出版社	2014 年 1 月 1.	—
贝聿铭全集	李佳洁、郑小东 译	电子工业出版社	2015 年 1 月	I.M.Pei Complete Works 简体中文平装版
I.M.Pei. Architect	Philip Jodidio, Janet Adams Strong	Chêne	2015 年	I.M.Pei Complete Works 法文版

续表

书名	著(译)者	出版者	出版年代	备注
东西之间：贝聿铭建筑思想研究	郭立群	中国建筑工业出版社	2018 年 1 月	—
世纪建筑大师——贝聿铭	黄健敏	台北艺术家出版社	2018 年 6 月	—
贝聿铭建筑十讲	黄健敏	江苏凤凰科学技术出版社	2019 年 6 月	《世纪建筑大师——贝聿铭》简体中文版
百年贝聿铭	李菁、贾冬婷	北京三联书店	2019 年 8 月	—
探索贝聿铭	黄健敏编	台北典藏艺术家庭股份有限公司	2020 年 5 月	—
贝聿铭建筑探索	黄健敏等	江苏凤凰科学技术出版社	2021 年	《贝聿铭的艺术世界》增订版

注释

[1] 槙文彦的感言，《贝聿铭：给未来的话》（*I. M. Pei : Words for the Future*），114 页。

[2] 曾在美国《室内》（*Interiors*）1950 年 2 月与 3 月号发表；1951 年 1 月号的《建筑实录》杂志有 2 页报道。

[3] 《享誉国际建筑师——贝聿铭》一文刊于 1968 年 11 月《皇冠杂志》第 177 期，收录于《中国人的光辉及其他——当代名人访问录》，志文出版社《新潮丛书》9，1971 年；天下杂志股份有限公司 2011 年 6 月以全新的封面及编排，再度上市。

[4] 2003 年 11 月 27 日与 2007 年 6 月 7 日《联合报》文化版针对路思义纪念教堂设计者之争有所报道。

[5] 邱浩修整理，《回忆东海校园——规划时期之时空背景》，中国台湾建筑学会会刊杂志第 88 期，2017 年 10 月，40 页。

[6] 同 5，44 页。

后记

为撰写关于建筑大师贝聿铭的系列书稿，我收集了许多文献与资料，并在个人脸书（Facebook）上建立了一个专栏，不定时地贴出一些相关信息与朋友共享。脸书上不时会跳出一些照片，提醒我有关贝聿铭的种种。

如 1963 年 4 月 2 日东海大学路思义纪念教堂落成，贝聿铭亲自出席典礼，并与东海大学校长吴德耀、建筑系讲师汉宝德合影。当天，他在建筑系进行了题为"现代建筑之动向"的演讲。这是贝聿铭第三次来中国台湾，而他的三次到访都与东海大学的建设有关。东海大学路思义纪念教堂的设计者究竟是谁，这是一件各说各话的公案，当事人均已先逝，我们只能通过文献资料来考证。

东海大学早年建校的相关文献，1984 年被纽约亚洲基督教大学联合董事会（The United Board for Christian Higher Education in Asia）全部捐予耶鲁大学，如今收藏在神学图书馆（Divinity Library）。由于数据浩瀚，以 1951 年为分界点，文献被分为两个系列，即以学校为主分类和按英文字母排序。我曾在 1997 年复印了大量感兴趣的主题资料，准备深入研读，作为日后撰文的参考。但是计划赶不上变化，多年来，这批文献资料始终被束之高阁，未曾深入探讨，仅于 2007 年陈其宽逝世之际，利用陈先生的部分文献撰写了一篇专文，发表在台湾杂志《建筑 Dialogue》七月号的纪念专辑上。

2017 年贝聿铭百年诞辰之际，著书庆祝贝老高寿的想法在我心中油然而生。为了充实书的内容，我专门飞到中东卡塔尔的多哈，亲自走访了伊斯兰艺术博物馆。该馆的五楼是高级餐厅，当时正在歇业，不对外开放，通过行政部门的安排，我才得以参观。参观结束正要离开时，安保部门却上前盘查，不但检查了我所拍的照片，还复印了我的护照存档，一直折腾到闭馆后 1 小时余才放行。这是我多年来走访贝聿铭作品的一个插曲。除此之外还有很多故事，其中令我难以忘怀的是日本美秀美术馆开幕期间的际遇。开幕式当天，在参观完新落成的美术馆之后，宾客们又前往神慈秀明会教祖殿参加开幕音乐会。音乐会后的晚餐是自助餐，在用餐时，我特意向贝聿铭致以问候，并且请他在开幕式请帖上签名留念。我期盼上述的这些亲身经历有机缘陆续地撰写成书，以纪念贝聿铭。《贝聿铭建筑探索》也正是出于此目的完成的。

在《贝聿铭建筑十讲》尚未出版时，我特邀学弟李瑞钰建筑师撰文，发表在台湾的《放筑塾代志》四月号的杂志上来恭贺贝聿铭的百岁生日。2017 年 10 月，又邀学长黄承令建筑师、李瑞钰建筑师与我联合撰稿，发表在台湾《建筑师》杂志的贝聿铭百岁专辑上，为贝老祝寿。李、黄两位建筑师都曾在贝聿铭建筑事务所工作多年，他们以亲身感受来撰文，格外具有意义。李瑞钰所著两篇文章的配图由贝考弗及合伙人事务所的埃玛·考伯（Emma Cobb）协助提供，在这里深表感谢。

2017 年 10 月 12 日与 13 日，哈佛大学设计研究生院举办了"重思贝聿铭：百年诞辰研讨会"，与会发表论文的美国路易斯维尔大学美术系亚洲美术史和建筑史教授赖德霖是我的故交，于是向他邀约发表该论文的中文稿件。加上曾发表在《放筑塾代志》四月号杂志上的两篇文章与《建筑师》杂志上的三篇文章，共计六篇，汇编成了繁体中文版的《探索贝聿铭》一书。随后，又增加了在中国香港举办的"重思贝聿铭：百年诞辰研讨会"上由张晋维发表的论文，汇编成简体中文版的《贝聿铭建筑探索》一书。

贝聿铭的建筑生涯自 1948 年在威奈公司出任建筑部门主管开始，于 1990 年宣布退休，至 2012 年完成封山之作美秀教堂，其丰功伟业熠熠生辉，有诸多课题可供研究探讨。《贝聿铭建筑探索》一书为阅读和探索贝聿铭提供了一个绝佳的参考。

黄健敏